让性格成就你

好性格帮助你成就幸福的人生

孙郡锴 ………… 编著

图书在版编目（CIP）数据

让性格成就你/孙郡锴编著. —北京：中国华侨出版社，2008.12

ISBN 978-7-80222-786-6

Ⅰ.让… Ⅱ.孙… Ⅲ.性格—通俗读物 Ⅳ.B848.6-49

中国版本图书馆 CIP 数据核字（2008）第 187207 号

● 让性格成就你

| 编　　著/孙郡锴
| 责任编辑/文　心
| 责任校对/钱志刚
| 经　　销/新华书店
| 开　　本/710×1000 毫米　1/16　印张 15　字数 220 千字
| 印　　数/5001-10000
| 印　　刷/北京一鑫印务有限责任公司
| 版　　次/2013 年 5 月第 2 版　2018 年 3 月第 2 次印刷
| 书　　号/ISBN 978-7-80222-786-6
| 定　　价/29.80 元

中国华侨出版社　北京市朝阳区静安里 26 号通成达大厦 3 层　邮编 100028
法律顾问：陈鹰律师事务所
编辑部：(010) 64443056　64443979
发行部：(010) 64443051　传真：64439708
网　　址：www.oveaschin.com
e-mail：oveaschin@sina.com

前　言

　　朋友，你是否在为自己的性格而苦恼？你是否觉得因为自己的不善言辞、不擅交际而难以应付生活中复杂的人际关系？或者因为懊恼自己过于热情不计较而吃了许多哑巴亏？你是否觉得因为自己的内向性格而比外向活泼的人少了更多的晋升机会？或者因为自己的快人快语而犯了言多必失的毛病，使旁人敬而远之？

　　性格内向的人羡慕外向型的人交游广泛、众人簇拥，而性格外向的人羡慕内向的人事事都落得一身轻松！

　　于是，你认为自己的失败大部分都该归咎于你的性格。成功的人生来自完美的性格——你的身边充斥着这样的论调，你终于踏上了漫漫重塑自我之路！内向羞怯的人偏要变得八面玲珑，长袖善舞；率真冲动的人也要变得谨小慎微，理智自持……就像是马戏团里的小丑，你在生活的舞台上给自己戴上了一副似哭非哭、似笑非笑的面具。你在面具的背后压抑、叹息，别人也因为捉摸不到真实的你而不愿靠近你。结果是，你非但没有获得希望的成功，反而徒劳地日复一日地进行着自我折磨！这样的日子还要持续多久啊？！

　　其实，性格不分好坏，只有不同！德国著名哲学家黑格尔说："每个人都是一个整体，本身就是一个世界，每个人都是一个完满的有生命的人，而不是某种孤立的性格特征的寓言式的抽象品。"就如同这世界上没有真正完美无缺的事物一样，也没有哪一种性格就是笃定获得成功的完美性格，每一种性格都有缺点和长处。

我们都知道削足适履的故事：有个人买了一双漂亮的鞋子，试穿时发现鞋子小了，为了穿上鞋子，他不是去换鞋，而是将自己的后脚跟削掉一块，非要勉强塞进鞋子里。

在现实生活中，我们不可能傻到割肉自痛，去屈就一双并不合适的鞋子。同样道理，你要改变的不是你的性格，而是要改变过去对自己性格的错误认识，发掘自我潜能，变不足为特点，让性格为你加分！

现在，就是现在，抛掉那些关于性格与成功的陈词滥调！抛掉那些试图改变性格、进行自我折磨的日子！让我们来学习怎样正确了解和评估自己的性格，怎样将你眼中的性格缺陷变成吸引眼球的个人特点，通过本书 10 章 125 小节的学习为自己加足 100 分，那么你的幸福和成功就指日可待了！

目 录

第一章　了解性格才能成就自己
——了解自我为你加分

任何一个人的性格，都是一个构造独特的世界，蕴藏着极大的能量，它既可以将你推入万丈深渊，也可以助你走向成功的彼岸。了解自己，就要认识性格，认知性格的内涵，造就积极健康的心态；就要把握命运的风帆，避开暗礁和漩涡，从而在潮起潮落的人生中"长风破浪会有时，直挂云帆济沧海"！

1. 只有一个独特的你 ………………………………………… 2
2. 性格是谁都偷不走的 ……………………………………… 3
3. 最难且最重要的是了解自己 ……………………………… 5
4. 发现真实的自己 …………………………………………… 7
5. 人贵有自知之明 …………………………………………… 9
6. 做一个掌握自己命运的人 ………………………………… 10

7. 做自己生命的主人 ………………………………………… 11
8. 成为自己命运的舵手 ………………………………………… 13
9. 为性格估一个价格 …………………………………………… 14
10. 表达自己的真实感受 ………………………………………… 18

第二章　性格决定成败
——发掘潜能为你加分

　　成功学大师卡耐基说："如果缺乏人生定位,你就不知道自己该向着什么方向前进,就好比是一次没有目标的航行,无论如何也不能到达目的地。"但是,要想拥有正确的人生定位,首先必须正确认识自我。只有客观地认识了自我以后,才能发现自己的潜能,才能确定自己在哪个工作领域中发展,朝着哪个方向努力奋进。

11. 始终持有积极的人生态度 …………………………………… 22
12. 不做自己的奴隶 ……………………………………………… 24
13. 优柔寡断是成功的最大敌人 ………………………………… 27
14. 严格地要求自己 ……………………………………………… 28
15. 每一种性格都能成功 ………………………………………… 31
16. 发掘自己的潜能 ……………………………………………… 33
17. 改掉寻找借口的坏习惯 ……………………………………… 35
18. 勇于挑战自我 ………………………………………………… 37
19. 好态度意味着好结局 ………………………………………… 38
20. 做事情要脚踏实地 …………………………………………… 40

21. 像恭候成功那样恭候失败 ·················· 43
22. 努力挖掘自身性格中的积极特征 ·············· 45
23. 成败,就是一场意志的较量 ················· 47
24. 坚忍是解决一切困难的钥匙 ················· 49

第三章　优化性格,把握机遇
——优化性格为你加分

　　现代很多科学家认为,只要充分发挥自身的潜力,大部分人都有可能成为科学家和发明家。然而事实上,能够有所发现、有所发明、有所创造的人太少了。造成人们才能埋没有多方面的原因,而缺少优良的性格就是其中重要的一项。

25. 好性格是锤炼出来的 ····················· 54
26. 优化性格让你马到成功 ··················· 56
27. 把握时机,马上行动 ····················· 58
28. 善于抓住机遇 ·························· 59
29. 保持自己优秀的个性 ····················· 61
30. 优化性格,才能发挥潜能 ·················· 62
31. 变被动为主动 ·························· 64
32. 培养健全的性格 ························ 66
33. 卓越的行动力 ·························· 68
34. 善待自己,珍惜生命 ····················· 69
35. 常洗脚不如常"洗脑" ···················· 71

第四章　让性格主导你的职业生涯
——选对职业为你加分

职业心理学研究表明,性格影响着一个人对职业的适应性。不同的性格适合从事不同的职业,同时,不同职业对人的性格也有着不同要求。因此,我们在考虑或选择职业时,不仅要考虑自己的职业兴趣和职业能力,还要考虑自己的职业性格特点,考虑职业对人的性格要求,考虑性格对职业的影响,从而根据自己的性格特点选择自己最易适应的职业。

36. 做自己的经纪人 …………………………………………… 76
37. 不同性格的职业定位 ……………………………………… 77
38. 让"个性"成为职业发展的最佳导航仪 ………………… 79
39. 根据性格选择适合自己的职业 …………………………… 80
40. 性格特征与择业 …………………………………………… 81
41. 让每一个人都看见自己的工作 …………………………… 83
42. 用衣着展现自己的内涵 …………………………………… 84
43. 塑造专业形象 ……………………………………………… 86
44. 勇敢地担负起责任 ………………………………………… 88
45. 天道酬勤 …………………………………………………… 91
46. 将兴趣和工作结合起来 …………………………………… 93
47. 做自己最喜欢和最擅长的工作 …………………………… 96

第五章　自强自信让人受益终生
——自强自信的人生态度为你加分

美国诗人、思想家爱默生说过："有史以来，没有任何一件伟大的事业不是因为自信而成功的。"当自强、自信成为你的生活方式，你也就已经为成功做好了准备。

48. 由自卑到自信：从转变观念开始 …………………… 100
49. 过有尊严的生活 …………………………………… 101
50. 你是不可替代的 …………………………………… 103
51. 懂得适时肯定自己 ………………………………… 105
52. 用自信添加成功的资本 …………………………… 106
53. 自信是指引人生小舟航向的罗盘 ………………… 108
54. 告诉自己我能行 …………………………………… 110
55. 永远相信自己 ……………………………………… 111
56. 满怀必胜的信念 …………………………………… 113
57. 用胜利坚定自己的信心 …………………………… 114
58. 学会自我欣赏 ……………………………………… 116
59. 每个人都有潜力 …………………………………… 117
60. 自信能让潜能开花 ………………………………… 118
61. 执著追求，永不言败 ……………………………… 121

第六章　必须绕过的性格陷阱
——正视缺点为你加分

每个人都有自己的长处,也会有自己的缺点。如果对这些缺点采取视而不见的态度,那么缺点将长期存在,绝不会自动消失,而且常常会成为生活和工作中绕不过去的陷阱,使我们在追求成功与幸福的道路上举步维艰。只有正视缺点和不足,并不断加以弥补和修正,才会跳过这些陷阱,摆脱过去的阴影,自信满满地奔向梦想中的未来!

---

62. 人都会有弱点 ………………………………………… 126
63. 及时为自己的性格会诊 ……………………………… 127
64. 性格系统中的"木桶效应" …………………………… 129
65. 性格不是简单的 1+1 运算 …………………………… 130
66. 弄通性格复杂性的成因很有必要 …………………… 133
67. 一定要换掉那块短板 ………………………………… 136
68. 摆脱自卑,突出自己的长处和优点 ………………… 138
69. 别让偏执型性格毁了你 ……………………………… 140
70. 克服分裂型性格缺陷 ………………………………… 141
71. 远离依赖型性格 ……………………………………… 142
72. 走出恐惧的阴影 ……………………………………… 144
73. 悲观是人生最暗的深渊 ……………………………… 146
74. 自负害人害己 ………………………………………… 147
75. 不要轻易冲动 ………………………………………… 148

第七章　了解别人的性格，把握自己的命运
——知己知彼为你加分

个性可以看作是性格，但其实际意义又比性格要广泛。一个人表面上的个性与他内心深处的性格是相互关联的，只要不是双重人格，根据他的个性，我们就可以分析、判断这个人。假如我们很仔细地观察这个人对于一件微不足道的小事的态度，我们就可以从他极其细微的部分，看到他的全部，可以分析他内心深处的本性，所谓"管中窥豹"就是这个道理。

76. 透视人性弱点，掌控人际关系 …………………… 152
77. 眼睛泄露性格的秘密 ………………………………… 154
78. 头发与人的性格 ……………………………………… 156
79. 如何从站姿判断人的性格 …………………………… 157
80. 握手方式反映性格 …………………………………… 158
81. 从谈话速度和语气看性格 …………………………… 159
82. 避开对方心中的"地雷" ……………………………… 160
83. 善待你的对手 ………………………………………… 162
84. 人缘体现人的综合素质 ……………………………… 164
85. 建立良好的人际关系 ………………………………… 166

第八章　克服人际交往中的性格弱点
——良好的人际交往为你加分

　　社会心理学研究表明，那些在人际交往中颇受好评，很得人缘的人一般具有以下特点：乐观、聪明、有个性、独立性强、坦诚、有幽默感、能为他人着想、充满活力等等，当然，不是说这些特点都具备才能有好的人际交往。而那些在人际交往中不太受人欢迎的人具有以下几个特点：自私、心眼小、斤斤计较、孤傲、依赖性、自我中心、虚伪自卑、没有个性等等。有了以上的参照标准，大家就可对照自己，扬长避短。

---

86. 克服自卑心理 …………………………………………… 170

87. 培养开放人格 …………………………………………… 172

88. 抛弃唯我独尊的自大性格 ……………………………… 174

89. 改变过分害羞的性格 …………………………………… 176

90. 消除说话时的心理屏障 ………………………………… 180

91. 死要面子活受罪 ………………………………………… 183

92. 不会社交的人寸步难行 ………………………………… 185

93. 礼貌的价值 ……………………………………………… 187

94. 朋友比金钱贵重 ………………………………………… 188

95. 分享是一件快乐的事情 ………………………………… 190

96. 学会关爱他人 …………………………………………… 193

97. 真诚付出才能获得友谊 ………………………………… 194

98. 感情也需要"投资" ……………………………………… 196

99. 用自重赢得尊重 ………………………………………… 197

100. 理智对待非议 ·· 202

第九章　别让性格毁了你的爱情与婚姻
——和谐的婚姻为你加分

　　一个幸福的家庭需要靠两个人共同维护，两个性格迥异的人携手走到一起，就应该为营造一个美满的家庭而努力。不要总想改变对方，也不要一味地迁就对方，相互接受比相互忍让更令人舒服，自然的相处比刻意的维系更会让婚姻家庭持久！

101. 大胆说出你的爱 ·· 208
102. 爱情往左，婚姻向右 ·· 209
103. 破译婚姻中的性格密码 ·· 211
104. 性格与婚姻关系的 13 种组合 ································ 212
105. 不同性格情侣的和美相处之道 ······························ 215
106. 永远不要由爱生恨 ·· 218
107. 看准目标，立即行动 ·· 221
结束语 ·· 224

第一章 了解性格才能成就自己
——了解自我为你加分

任何一个人的性格，都是一个构造独特的世界，蕴藏着极大的能量，它既可以将你推入万丈深渊，也可以助你走向成功的彼岸。了解自己，就要认识性格，认知性格的内涵，造就积极健康的心态；就要把握命运的风帆，避开暗礁和漩涡，从而在潮起潮落的人生中"长风破浪会有时，直挂云帆济沧海"！

1 只有一个独特的你

人是世间万物之灵长，你是世界上独一无二的。

谚语有云：

播种行为，收获习惯；

播种习惯，收获性格；

播种性格，收获命运。

甜蜜的爱情、美满的婚姻、幸福的家庭、亲密的朋友、信赖的知己、腾达的事业、辉煌的成就、别人的仰慕……这一切，我们每个人都想拥有，没有人希望自己在人生之路上遭遇失败。但成功除了离不开机遇与自己的拼搏外，首先要做和必须要做的，不是战胜外在，而是战胜自己；不是了解别人，而是了解自己。

了解自己主要是指认识自身的性格：是内向还是外向，是封闭还是开明，是自卑还是自信，是懒惰还是勤劳，是虚荣还是朴素，是偏执还是随和，是狭隘还是心胸宽大，是贪婪还是怯懦……不管是怎样的性格都不要惧怕，因为只要了解了自己性格的特点，就可以发扬优点，克服缺点。法国作家纪德说过，人人都有惊人的潜力，要相信你自己的力量与青春，要不断地告诉自己："万事全赖在我。"上天只创造了一个独特的你，你是独一无二的。成功胜利由自己创造，失败挫折由自己承担。

就如同这世上没有两片完全相同的树叶，这世上也没有两个完全相同的人，即使是同卵双胞胎外貌上旁人难以区分，但他们的 DNA 仍有着百分之几甚至零点几的差异。

也许你有些地方与别人相似，但你仍是无人能取代的，你的一言一行都有自己的个性和选择，因为你是自己的主人。无论高矮胖瘦，你的

第一章 了解性格才能成就自己
——了解自我为你加分

身体，从头到脚只属于你自己；你的目之所及，耳之所闻，你的脑子，包括情绪思想也只属于你自己。因此，你首先要先喜欢自己，接纳自己的一切，然后才能深刻了解自己，进而将自己最好的一面呈现出来！

然而人多少会对自己产生疑惑，内心总有一块连自己也无法理解的角落。但只要你多支持和关爱自己，就必定能鼓起勇气和希望，为心中的疑问找到解答，并更进一步地了解自己。

你就是你，世上不会再有第二个你自己。

2 性格是谁都偷不走的

公元前5世纪初，在雅典西南的洛里安姆银矿开采出了一条优质银矿脉，在很短的时间内，新矿层就生产出了好几吨纯银。

正是有了这个在洛里安姆矿场意外发现的"世界宝藏金银之泉"，雅典才一跃而成了地中海东部的海上霸主和希腊世界的领袖。很快，雅典还成为古典时期知识荟萃、艺术生辉的中心。

一个宝藏的开掘，改变了雅典的历史，铸成了西方文明的辉煌。从这点我们不难发现，自然界有了宝藏能产生奇迹。那么人呢？人有了宝藏是不是也能产生奇迹呢？答案是肯定的，每个人身上都有一个宝藏——了解并开发自身的良好性格就是挖掘自己的宝藏。

曾国藩可以说是成功开发良好性格宝藏的典型代表，他一生的成就也得益于其方圆得体的性格，使他处江湖之远深得民心，居庙堂之高深得君意。

曾国藩是中国历史上最后一位学者兼"贤相"，一生福禄寿禧占全，封建士子追求的虚名与实利他都得到了。

他是镇压太平天国起家的。清王朝的统治高层在对曾国藩大加任用的同时，也对曾国藩怀有防范之心。

实际上，清王朝的半壁江山已掌握在他的手中。曾国藩的心里很清楚，怎么处理好同清政府的关系，是自己今后命运的关键。由此，他性格中的百炼钢转化成绕指柔，曾国藩的性格开始了柔韧化的旅程。

因此，倔强刚猛的"曾剃头"，一变而为温厚宽容的圣相，位列三公，权倾当朝，得到了一个汉族官吏前所未有的权势与名利。

曾国藩曾写过一副对联："养活一团春意思，撑起两根穷骨头。"正是这种刚柔相济的良好性格，使他游刃于朝野上下、天地之间。

每个人的良好性格都是有着神奇力量的宝瓶，但这个宝瓶是我们本身具有的，而不是神赐予的。性格的宝藏，就是在不断地挖掘中磨炼出本色的光芒。

除了我们自己，没有谁能够伤害你，你所受到的伤害都是自己造成的，你从来就不是一个真正的受害者。

很早以前，有一个穷人，他很信奉天神。天神看到他那样诚心，想帮他完成他的心愿，于是问他："你如此虔诚，是为了求得什么呢？"

这个人答道："心想事成。"

因此，天神从怀中取出一个宝瓶，交给他说："这是一个宝瓶，叫作性瓶，把它保存好，你要什么，它就会给你什么。"

说完后，天神走了。

果真，性瓶有求必应，给他变出了豪华的住宅，成群的车马，还有很多财宝。

他不禁有点儿得意忘形，手拿性瓶，跳起舞来。

不料，他没跳几步，就脚下一绊摔倒了，只听"啪"的一声，性瓶掉在地上，碎了，那些由性瓶变出的住宅、车马等大量的财物，也在一瞬间消失得无影无踪。

穷人跌坐在地，他又变得一无所有了。

性格是一个多侧面的棱镜，在这多个侧面中，不一定所有的面都能闪现出灿烂光辉的性格，很可能有一面甚至几个面是消极的。所以，再

第一章　了解性格才能成就自己
——了解自我为你加分

杰出的人物也会有其性格方面的弱点，再消极的人其性格也会有积极的一面。人通晓这些道理，对于克服性格缺陷具有极为重要的现实意义。

没有人天生就拥有比他人更耀眼的光芒，任何一个人都必须学习如何吸引他人关注的目光，尤其是在人生的起步阶段，就应让自己的名字与声誉附上一种与众不同的特质，使自己超越他人之上。这个形象可以是某种个性化的穿着打扮，可以是让人们津津乐道的生活轶事，也可以是由内而外折射出的性格气质。一旦建立起了自己的良好形象，就会在闪亮的星空中占有一席之地。

发现一个矿藏，可以改变一个国家的命运；了解并挖掘自身良好的性格，可以改变一个人的一生。而自身性格的宝藏，是只属于自己，谁都偷不走的。

良好的性格是我们在错综的人际关系网中游刃有余的法宝，是我们内在散发的魅力，让我们在坎坷的生存之路上战无不胜。

性格是八面玲珑的复合体，没有绝对的完美；性格是出于自然的璞玉，关键在于打磨；性格是生命的圆镜，拂去尘土，本身就是光明；性格是深林的沉香，一经开采，必将散发出迷人的芳香。你要在不断的探索中，发现你独特的一面。

3 最难且最重要的是了解自己

米开朗基罗创造了许多流传至今的杰作。在他准备雕刻大卫像时，他常常会花很长时间去挑选大理石。因为他深知，材料的质地决定着作品的美感，他可以改变作品的外形，但改变不了它的基本成分。当时米开朗基罗最大的心愿是创造两件完全相同的杰作。为了这个心愿，他甚至从相同的大理石上切割另一块下来，试图找到两块完全相同的大理石。

但结果是，雕刻出来的两件作品仍不能完全相同，总会有细微的差别。

作品不能完全相同，性格亦如此。人的性格千差万别，每个人都有其与众不同之处。我们每个人天生就有着与兄弟姐妹不同的组合特征——自己的性情、自己的组合材料、自己与生俱来的特质。虽然智商、环境和父母的影响都能塑造一个人的性格，但内在的本质却改变不了，因此，我们应该运用自己独特的天赋、性格和智慧，去冲刺人生的美好目标。

世界是复杂的，但对于我们每个人来说，无非是自己与外界的关系。其实复杂的关键就是这个关系。不了解自己的人是不稳定的人，别人更无法真正了解你，因为最了解自己的人永远是你自己。

你了解自己吗？只有了解自己、控制自己，才能做真正的自己！

需要注意的是：性格并无好坏之分。不同的性格，在迈向成功的道路上也会有不同的选择。每个人的性格里都自有一种优势存在，不要只盯住自己的个性弱点去苛求所谓的完美。

实际上，只要你不带着偏见深入地审视自己，总会找到属于自己个性中的优势。不同性格的人都可以成功，性格本身没有好坏之分，关键是我们如何去运用它。如何运用好的方法让大家都能够得到成长与成功，这就是性格分析可以带给我们的收获。

每一个人对成功的定义理解都不同，真正的成功应是全方位的，包括朋友、家庭、心灵、时间与金钱等，但最终是精神上的东西。有段话说得很恰当：买得起房子，却买不到家庭；买得起好药，却买不来健康；买得起高档商品、化妆品，却买不来青春。没钱是万万不能的，但有钱也没什么了不起，毕竟金钱买不来自己的真爱。人是精神和物质相交融的产物，你只有主宰了自身的性格优势，才能主宰自身的命运。

健康的性格取向被认为是个人充分发挥潜能和价值的能力。拥有健康性格无疑是现代人健康最主要的生活价值观取向。

第一章 了解性格才能成就自己
—— 了解自我为你加分

一个人一生的奋斗过程其实就是战胜自我的一个过程。要想战胜自我，首先要尽量地了解自身的性格。假如对自身的性格优点、缺点都不了解，就很难在工作中扬长避短、挑战自我。

了解自己的性格不仅对个人重要，而且对社会也是很重要的。一个人要在社会中，甚至在家庭中做一个有作为的参与者，就必须能与他人建立积极的关系。常常对人怀有敌意、嫉妒、猜忌、分裂之心的人，仅顾自己、阴阳怪气、古怪孤僻的人，不但没有机会很好地参与社会生活，不能充分地发挥自己的潜能和价值，还会给人与人之间的关系带来伤害。由此，我们要积极地培养自己的健康性格，使自己能够很好地适应社会生活，保持内心的和谐。

了解自己，从人类丰富的知识宝库中汲取养料，以培养自己的智慧，提高自己的聪明才智。树立健康的性格，要学会从知识海洋中正确认识自身，处理好自己与行为的关系；学会战胜寂寞、绝望与烦忧，处理好自己与环境的关系；学会在工作中获取成就，处理好自己闲暇娱乐活动与工作的关系，从而形成自己良好的知识素养、文化素养、道德素养和思想素养；学会正确处理自己与他人的关系。

4 发现真实的自己

你发现了真，也就找到了生命的本质；
发现了善，也就知道了怎样去做人；
发现了美，也就获得了生存的追求；
发现了本质，就不会为现象所迷惑；
发现了真理，就不会被谬论所纠缠；
发现了光明，在黑暗中就不会困顿；
发现了价值，在荒芜面前就能从容前行；

发现了动力，在遭遇厄运时依然会执著的奋斗；

发现了崇高，才不为卑微的心态所引诱；

发现了正义，才会不怕邪恶的恐吓。

在希腊帕尔纳索斯山南坡上，有一组石造建筑物，这就是驰名整个古希腊世界的特尔菲神庙。它的起源据说可以追溯到三千多年前。就在这个神庙的入口处，文献上说人们可以看到刻在石头上的一句话，就是——"认识你自己。"古希腊哲学家苏格拉底最爱引用这句格言教育别人，因此后世的人们常常误认为这是他的名言。但在当时，人们认为这句格言是阿波罗神的神谕！

"认识你自己"——这是对事都是需要我们终生追求的目标。只有认识了自己，才能变得睿智，才能胜不骄、败不馁，才能"不以物喜，不以己悲"，踏踏实实地度过一生。

人要找准自己的社会角色定位，要知道自己是一个什么样的人，有什么优点和缺点、自己应该走什么样的路，适合干什么等。

生命中尤为重要的是要清楚自己究竟想要什么，但实际上大多数人没有真正花时间来思考这个问题。

面对多姿多彩的世界和各种各样的选择，很多人往往手足无措。就如同在茫茫大海中航行，假若你不知道将驶向何方，便注定了一生要忍受漂泊之苦。在你决定自己想要什么、需要什么之前，一定要先进行一番心灵探索，发现自己的真正需要。只有这样，你才能在生活中勇往直前，轻松阔步。

心理学家发现了一个十分有趣的现象：很多人之所以不能成功，关键是不能充分发现自己的价值。对自身的缺陷讳莫如深，其实是一种误区。人有很多资源，缺陷也是其中之一。只有善于发现自己，充分利用自身的资源，才能最大限度地挖掘自己、发挥自己。即使是一种缺陷，也并非没有可利用的价值。

曾经有位叫米莉的多伦多女人，身高仅有1米。为此，她感到十分烦恼。有一天，她在马路上闲逛，却忽然看到一位身高2米的英俊男子从身边走过，米莉脑海中顿时闪现一线商机。因此，她故意接近高个子男子，并建议他利用两人的身高特点，开办世界上第一个"极端"食品店，专营大小两极分化的糖果，并尽可能用夸张手段，使之成为鲜明的对比，以引起大人、小孩儿的好奇心。高个男人听后思考了一下，便欣然同意。"极端"食品店开张后果然顾客盈门，财源广进。

平凡的荒原，孕育着崛起，只要你肯去开拓；平凡的泥土，孕育着收获，只要你肯去耕耘；平凡的细流，孕育着能量，只要你肯去积累；平凡的我们，孕育着希望，只要我们肯去发现。自认为平凡的自己，孕育着我们想象不到的潜能，只要你能认识真正的自己！

5 人贵有自知之明

中国有句古训："人贵有自知之明。"意思是说一个人值得称颂的地方是自身能够正确地认识自己。换言之就是，每个人都需要对自己有一个了解，能够认识到自己的长处和短处，才算得上聪明。

我们要相信自己、发现自己、肯定自己、磨炼自己，这样才能更好地了解自己，从而做好自己。

"横看成岭侧成峰，远近高低各不同。不识庐山真面目，只缘身在此山中。"我们自己看不清自己的主要原因，与身在庐山反而看不清庐山真面目是一个道理。

人贵在有自知之明，要充分地了解自己的性格，才可以很好地发挥自己的性格优势，发掘自己的潜力。而良好的性格则可以很好地与别人合作，并在与他人的竞争中胜出。"知己知彼，百战不殆。"然而有些人发挥了性格上的优势，却忽略了对自己性格的认识和反省。

古时候，楚庄王曾想夫讨伐越国，有位名叫杜子的人劝他说道：

"大王要攻打越国，为的是什么呢？"楚庄王回答道："因为越国现在政治混乱，兵力疲弱！"杜子又问："一个人的智慧就好比人的眼睛，能够看清楚很远的地方，却始终无法看见自己的眼睫毛。自从被秦国打败以来，大王已丧失了很多国土，这是国家的兵力疲弱；有的人在国内造反，官吏却无法禁止，这是政治混乱。当前形势，楚国兵弱政乱的情况和越国不相上下，而您还要坚持出兵攻打它，这难道不是看不到自己的弱点吗？"由此，楚庄王取消了攻打越国的计划。

我们往往以他人为参照物来认识自己，以为他人是什么样，自己就是什么样，看不见自己的优点，常常忽略了自己的优点，由此便阻碍了自己的发展之路。真正了解自己的方法是审视自身的内心，从而看到真实的自己。

富兰克林曾说："宝贝放错了地方，便是废物。"人生的意义，原本就是这样，要善于经营自己的长处。经营自身的长处，可以使你的"人生之旅"更加富有生命价值。在人生的坐标里，一个人所处的位置不同，他对于社会的作用也不尽相同。因此，我们选择职业时，首先就应该考虑清楚自己能做什么，不能做什么。对自己有一个比较清醒的认识，这是对自己人生的责任。

我们用自己的双脚去跋山涉水，用自己的双手去创造财富，用自己的大脑去思考人生，用自己的心灵去感受真情。因此，不要羡慕任何人，妄自菲薄；也毫无理由目中无人，妄自尊大。保持一颗平常心，本着对每个生命个体的尊重，走属于自己的路。

6 做一个掌握自己命运的人

没有一个人的成功是一蹴而就的，没有谁可以一步登天。恰恰相反，所有的成功都是经历了一连串的失败之后才获得的。

第一章 了解性格才能成就自己
—— 了解自我为你加分

印度诗人泰戈尔说:"幸运女神不喜欢那些迟疑不决、懒惰、相信命运的懦夫。"

也许你常常自怨自艾,你不比别人差,但为什么不如别人呢?原因不外乎你对于命运的理解方法一无所知,亦即不知如何做才能掌握自己的命运。但是,殊不知还有更深一层的原因,即自身的性格也会对命运有着极大的影响。

伟大的音乐家贝多芬曾说过:"我要卡住命运的咽喉,它绝不能把我完全压倒!"他在耳聋后依然创作出《命运交响曲》、《合唱交响曲》等许多杰出的作品。尤其是《命运交响曲》开始的四个音符,刚劲沉重,仿佛命运敲门的声音!它所表现的如火如荼的斗争热情,具有强大的感染力。英国著名的文学家弥尔顿在双目失明后,依然坚持创作,在亲友的协助下,写出了《失乐园》、《复乐园》、《力士参孙》等三部宏篇巨著,在世界文学史上留下了辉煌的篇章!

可见,通过斗争战胜命运,做一个掌握自己命运的人,是多么的重要!

纵观古今中外,确实有那么一部分人把主宰自己命运的权利交给了神,交给了上天。但是,当人们通过斗争把命运的主宰权收回来以后,发现人是可以掌握自己命运的。因此,一代又一代日益觉悟了的人们,一直在不懈地奏响着自立、不屈、抗争的命运交响曲。

7 做自己生命的主人

做自己生命的主人,我们必须运用自己自由选择的权利。作为自己生活的"总统",你每天、每个小时都可以做出自由的选择,我们每个人都能顶得住灾难和烦恼。

对于一个人来说最坏的事情莫过于总认为自己生来就是不幸之人,

认为自己总是得不到幸运女神的垂青。事实上，在我们的思想王国之外，根本就没有什么幸运女神。我们的命运掌握在自己的手里，命运要靠自己去主宰。

在同一个社会环境里，人的命运之所以会表现出极大的不同，主要是由一系列客观条件与主观条件的不同所造成的。换句话说，内因即主观条件是人的命运变化的根据，具有一定的决定性，外因是通过内因而发挥其作用的。由此，无论是人类发展的实践，还是科学理论的分析，最终的研究结论就一句话：个人的命运主要由个人去把握。

快乐与烦恼往往很容易受外界因素的左右，这样的人经常表现得喜怒无常，搞得他人束手无策，只好对他避而远之。结果导致他的心情很压抑、沉重，更加苦恼、烦躁。

实际上，这样的苦恼仍需自己解决，问题的症结就在于自己的认知评价系统如何对外界刺激应答和选择。

古代，曾有位学者向南隐请教禅学。南隐以茶相待。他将茶水倒入杯中，杯满后，他还接着倒，学者说："师父，茶已溢出来了，不要倒了。"南隐说："你就好比这茶杯一样，里面装满了你自身的看法和观点。假如你不首先把你自己的杯子倒空，叫我怎样对你说禅？只有心虚才能容道。"由此可见，假如心中有自己的成见，认为人们不可能征服烦恼，那么，你就听不进他人的箴言了。

每个人一旦降临这个世上，便陷入动荡不定的境遇之中，悲哀、愤怒、忧虑、愧疚和烦恼可能会不间断地困扰着每个人，给人们的精神套上沉重的枷锁。

面对现实的挑战，你能抵御消极情绪的袭击吗？

你能够征服烦恼吗？你能够主宰自己吗？回答是肯定的。只要你相信：问题的症结就在于你的认知评价系统中。

人们常常会错误地认为，生活的快乐与否，完全取决于外界刺激的大小。外界刺激大，烦恼就大；外界刺激小，烦恼也会随之小。实际上，这中间忽视了一个很关键的问题，就是你自己头脑对外界刺激的加工。

比如，面对火车晚点这一不良刺激，有些人大发雷霆，急得团团转，焦躁上火；有些人则到服务部买点东西吃，坦然地等待；有些人则坐在候车室给朋友写封信，充分利用一下时间。很显然，这3种不同的反应，绝不是由外界刺激的大小决定的，而是由他们对同一刺激的不同态度决定的。

由此可知，仅仅是环境并不能使我们快乐或不快乐，造成我们心境的是我们对外界环境刺激反应的选择。换句话说，事件本身没有压力，它们是否使我们感到紧张、有压力在于我们以什么样的思考方式和方法看待它们。

假若你选择悲伤的事，浑身会充满凄凉的感觉；假若你选择恐惧的事，你会感到毛骨悚然，浑身冒冷汗；假若你选择生病的事情来思考，自然会愁容满面；假若你选择令人喜悦的事情来思考，定是眉飞色舞；假若你毫无信心，失败会接踵而来……因此，只要你充分相信自己，经常梳理自己的情绪，排解负面和消极的情绪因素，永远保持乐观向上的生活态度，就能做自己生命的主人。

8 成为自己命运的舵手

千万不要选择不适合自己的事业，那是失败与苦恼的开端。努力把握一切机会，让成功为自己喝彩。只有你，才是自己命运真正的主宰！

爱默生在一篇谈自信的文章中写道："要成为一名顶天立地的男子汉，就必须不随波逐流。"当你攀登顶峰的时候，你是站在某个"机构"的最上头，它或许是某个部门、某个工厂、某家公司或某个代理商。爱默生指出，每个渴望成功的人都必须明确地认识到：一个机构就是一个人加长的影子。

在你攀登顶峰的道路上，你不要拒绝别人的帮助，但要记住，从长远来讲，你依然是自己那艘船的船长，掌舵的人仍然是你自己，而这艘船将驶向你要去的地方，你必须是发号施令的人。因为别人的目的地未必是你想到达的目的地，你绝对不能随着他人的节拍而起舞。

当你一路攀向顶峰的时候，当你环顾四周的时候，你会发现自己竟然是如此的孤独，正所谓"高处不胜寒"。这时你或许会突然联想到："我要依靠谁？我要与谁同行？谁会带领我走过艰辛的一程又一程？"答案只能是：你自己！你一个人在步履蹒跚地朝着目标前进，你所依靠的正是那份独立自主的能力。因此，千万不要去"人云亦云"、"一窝蜂"，要不断地努力去做你认为对的事，做那些你在内心觉得应该去做的事。

即使你发现自己是如此孤独，如此与众不同，你仍然应该踏踏实实地去做事，切不可轻言放弃。

你应当遵守的规则是：当你独自在事业以及生活的领域里站稳脚步的时候，要确定你不会阻碍他人拥有相同的权利。除了你自己之外，绝对没有一个人对你的命运持有最后的决定权。

如果说你想成功，你必须要做你觉得非做不可的事情，那是你应行使的权力。换句话说，要让自信帮助你而非阻碍你。要选择适合自己的事业，因为你相信这才是你最想要的。

9 为性格估一个价格

托尔斯泰说过："所有的人，正像我一样，都是黑白相间的花斑马——好坏相间，好好坏坏，亦好亦坏。好的方面绝不可能像我希望他人看待我的那样，坏的方面也绝不可能在我生气或者被人欺负时看待他人那样。"

高尔基曾说:"人是形形色色的,没有整个是黑的,也没有整个是白的。"

人的性格中存在着双面性:高级与低级,正面与负面。

性格中的各种组合因素必有优劣之分,因此,性格也是有价值之分的。以项羽为例:他的性格中兼有"风云之豪气"与"儿女之情长","恭敬慈爱"与"剽悍滑贼","爱人礼士"与"妒贤嫉能","妇人之仁"与"屠戮残虐",皆若相反相违。假如以价值相论,"力拔山兮"的风云豪气当属第一,儿女情长则居其次,"爱人礼士"、"妇人之仁"则再次之,而"妒贤嫉能"、"屠戮残虐"则为性格中的下品,不但为人所耻,更无价值可言。

由此可见,性格是有价值的。不论伟人,还是凡夫,性格中都有光明与阴暗之别,都有价可寻。

世有五行八业,人分三教九流。每一个人都有自己的价值认同。给性格作价,要遵循下面的原则划分等级:

极品性格:无价之宝。完全是完美的化身。不过恐怕只有神才有这样的性格,凡夫俗子自然望尘莫及。

一品性格:价值千金。在影片《生死抉择》中,市长李高成从中央党校学习回来就面临复杂的局面和尖锐的矛盾:中阳纺织厂上千职工准备到市政府请愿,来了才半年的主持市委工作的杨诚对中阳纺织厂的事紧逼不放……李高成渐渐发现,他一手提拔并信任的中阳纺织厂领导班子集体腐败,妻子吴蔼珍也深深卷入其中而不能自拔。更令他震惊的是,培养了他的省委副书记严阵竟是这张盘根错节关系网的根。何去何从?做人的良知要求李高成不能有丝毫的犹豫和彷徨,他面临着痛苦的抉择。

《生死抉择》这部反腐倡廉力作,以澎湃的激情成功地塑造了李高成这个有血有肉、令人信服的优秀领导干部形象,他在金钱、亲情、友情面前所表现出来的浩然正气令人振奋和鼓舞。

　　李高成这个形象绝不是尽善尽美的,他的性格中同样充满亲情与国法、友情与党纪、职责与权力等重重交织的矛盾。在这些矛盾中,他呈现在观众面前的是最具震撼力和感染力的性格——坚韧、刚毅和真诚,这就是我们说的一品性格,价值千金。

　　一个人具有能够为众人广为称颂的性格,这种性格代表着这个人性格系统的大方向。可以说,一个人性格的优劣之分就在于此。由此,培养良好的性格,就要努力打造自己的一品性格。

　　优良性格:价值不菲。《三国演义》中的诸葛亮,从整体上说,属于智慧型性格,但是,他的"挥泪斩马谡",却透露出他性格中善良的一面。这段故事使我们看到诸葛亮性格中一些丰富、深邃的东西。在街亭战役中,他选择重用马谡这个关键点发生错误,因此,导致失败从而失了街亭。他按照军令立斩马谡,但在做出这个决定时他却流下了眼泪,事后他竭力安抚马谡的家属。这种细节和行为,透露了诸葛亮善良的一面。虽然诸葛亮性格最突显的是智慧的层面,然而善良又是诸葛亮性格中最秀美的部分。

　　优良的性格当然是一个人性格中最主要的因素,它同时又体现着性格丰富美好的内涵。正是这些内涵构成了一个人性格中最有价值的东西。因此,优良的性格是有价值的。

　　模糊性格:待价而沽。在《雷雨》中,蘩漪这个人物有不能令人容忍的地方,也有值得同情的地方,"她的生命交织着最残酷的爱和最不容忍的恨,她拥有行为上很多的矛盾"。蘩漪那些在世俗眼光中的"不可爱"之处,那些"罪大恶极"的事情恰恰又是她的"可爱"之处。在蘩漪的性格中,可怖与可爱,热烈与冰冷,阴暗与明朗,爱情与仇恨,乖戾与自然,欢乐与抑郁,勇敢与怯懦,残酷与善良,高尚与渺小,灵与肉,动人地交织在一起,成为一个十分"真切"、十分有魅力的性格。

第一章 了解性格才能成就自己
——了解自我为你加分

像繁漪这样,两种对立性格因素时时交织在一起,冲突不断、矛盾重重,正是模糊性格的表现。这种性格中积极因素与消极因素互相纠缠,此消彼长。因而,拥有这种性格的人常常会在善与恶、美与丑、进步与后退之间摇摆不定。这种性格的价值没有明确的界线,只能待价而沽。

末等性格:一文不值。《孔乙己》并不是一个纯粹的悲剧,而是一个喜剧性的社会悲剧,可悲与可笑在小说主人公身上融为一体,笑可以使悲伤更加浓烈,喜剧因素强化了悲剧的深度。孔乙己自身就是一个喜剧性的悲剧人物。他本身是矛盾的,是惟一穿着长衫而站着喝酒的人。他已经被社会遗弃,变成了读书人的异类,甚至是普通人的异类,但自己却未能意识到这种异化,仍以一个读书人自居,强撑着士族的架子。这就是说,孔乙己的性格是最可悲与最可笑的两种不可调和因素的有机统一体。而联系可悲可哀与滑稽可笑这两极的媒介,就是他的"无知"性格。

人的性格没有优劣之分,只不过是优劣相比,两者间成分大小有所不同罢了。孔乙己必有善良的一面,但可悲与可笑的性格主体注定了他是一个喜剧性的悲剧人物,是他人眼中的"异类"。这种性格的主体必然是无价值可寻的末等性格。一个热爱生活、追求梦想的人不要使自己的灵魂只剩下躯壳,更不要与这种性格结缘。

假如我们能去抵抗已形成的性格,就能够创造出新的个性。但大多数人的想法,首要的理由是不想改变自我。人都是这样,都希望自己能成为一个精力充沛、充满理想、信心十足的人,都想成为一个极富魅力的人。但很少有人真正地在这方面进行努力,因为人们往往满足于现状,一遇到改善自我的这种新想法时,就会无意识地保护自我。这是因为已有的性格往往根深蒂固,积习难除。威廉·詹姆斯说:"人希望自己所处的状况更好,却不想去实现。因为,他们被旧我束缚着。"

魅力对每个人来说,是一种财富。当人们都拥有而你却没有时,你不觉得你很"贫穷"吗？有魅力的人似乎有一种特殊的力量，他感染着你，吸引着你，使你羡慕，要你模仿。许多有名的人有了"它"，但究竟"它"是什么呢？你想拥有魅力吗？

一个人的长相并不重要，学历资历深、阅历丰厚也不重要，重要的是这个人言语间散放出来的某些东西是否能让他人感觉到你存在的同时，又可以感受到一种力量，一种从主观到直观所散发出来的魅力，我们一般把这样的元素称之为性格魅力。

一个有性格魅力的人必定是受欢迎之人，也一定是一位懂得体谅别人之人。更重要的是他深深地明白在他看重自己付出与得到的同时，还有一群人因他的成长或者某个契机点，在为他而竭尽全力地协作。

我们活在这个世界上不是因我们个人的存在而精彩，而是因集体的力量感到振奋，感到备受鼓舞。

因此，一个人的人格魅力是十分重要的，他就像一个向导，在指引你前行的同时，又在为你开拓更多的道路。

成功只是一种生活方式，而优秀却是一种品质。优秀的品质在于个人魅力，在于懂得知心、知性、知情。

自然就是美，真诚地表现出你自己原有的一面，就能够让对方愉快地与你开始交往。装模作样、矫揉造作并不能让你更有魅力，华而不实的你很快就会吹破了牛皮。人们之所以喜欢你，因为那是原来的你。

10 表达自己的真实感受

许多人碍于面子，嘴上说的和自己心里想的并不一致，有时甚至是完全相反。比如朋友寄宿在你那里，时间一长对你的生活造成极大的不便，你心里想着早日让他离开，可是碍于面子，你没有说出自己的真实想法，甚至在朋友为给你带来的不便表示歉意时，你嘴上还说："没

第一章　了解性格才能成就自己
——了解自我为你加分

什么，我平时也这样，没有什么不方便的。"其实你的内心却恨不得他马上离开。这样的事情多了，你就会受到压抑。

受到压抑的人在生活中经常会有许多失误行为。例如，总是把别人的名字叫错，代表你对此人有很大的不满，只是不敢表现出来；老是把笔搞丢，代表你潜意识中不想读书或写东西。人为了符合社会的要求，必须不停地压抑各种见不得人的欲望和冲动。原则上，人类只要有不被社会接受的欲望或情感，如攻击欲、性欲等等，就会很自然地将它们压抑在潜意识里，因而也极容易产生"失误行为"。从这种失误行为，可以轻易地看透人内心的自卑意识，假若能仔细地观察，一定不难得到印证。

如何摆脱这种压抑，获得轻松的心态呢？那就是要敢于表述自己的真实感受，说出自己心里的真实想法。下面来看李先生是怎样做的。

李先生在年轻时也是个压抑性格极为严重的人，不敢拒绝路上的市场调查，不敢不收路上发的传单，甚至连被人撞到，都不敢露出不悦的神色。一直到他与一位朋友约会，朋友迟到了两个小时，李先生才开始反省，这样极度的压抑对自己究竟有何好处？于是，他在朋友到的时候，鼓起勇气告诉朋友自己很生气，因为他在朋友家外面的麦当劳站了两个小时，而这两个小时里，他思索着再也不要委屈自己。当朋友听到李先生这么表达，也觉得很不好意思。李先生在这件事情里，学到适时表达自己感受的重要性。

心理学上有谈到认知协调的问题，当"我"突破困境，让自己认知协调时，才发现表达自己的感觉真好。有人还在压抑吗？有人还不敢开口吗？那就从好好表达开始。有勇气表达，敢于表述自己的真实感受，表示你已远离自卑一大步了，这是值得欣喜的。

推荐要点：

当你了解了性格的规律性后，你就会乐观地接受他人的个性，对他人豁达、宽容起来。

任何一个人的性格，都是一个构造独特的世界，蕴藏着极大的能量。

你首先要先喜欢自己，接纳自己的一切，然后才能深刻了解自己，进而将自己最好的一面呈现出来！

你就是你，世上不会再有第二个你自己。

再杰出的人物也会有其性格方面的弱点，再消极的人其性格也会有积极的一面。

了解并挖掘自身良好的性格，可以改变一个人的一生。而自身性格的宝藏，是只属于自己，谁都偷不走的。

每个人的性格里都自有一种优势存在，不要只盯住自己的个性弱点去苛求所谓的完美。

了解自己的性格不仅对个人重要，而且对社会也是很重要的。

人贵有自知之明。

通过斗争战胜命运，做一个掌握自己命运的人。

受到压抑的人在生活中经常会有许多失误行为。

人类只要有不被社会接受的欲望或情感，如攻击欲、性欲等等，就会很自然地将它们压抑在潜意识里，因而也极容易产生"失误行为"。

要敢于表述自己的真实感受，说出自己心里的真实想法。

当"我"突破困境，让自己认知协调时，才发现表达自己的感觉真好。

第二章 性格决定成败
——发掘潜能为你加分

成功学大师卡耐基说:"如果缺乏人生定位,你就不知道自己该向着什么方向前进,就好比是一次没有目标的航行,无论如何也不能到达目的地。"但是,要想拥有正确的人生定位,首先必须正确认识自我。只有客观地认识了自我以后,才能发现自己的潜能,才能确定自己在哪个工作领域中发展,朝着哪个方向努力奋进。

11 始终持有积极的人生态度

人的心态无非表现为两种：积极的和消极的。积极时，人生丰富多彩、充满热情与活力；消极时，人生平淡无味，毫无乐趣。

这两种心态中哪一种表现在你身上，决定于你自己。

我们的大脑每天都在接受大量的外界信息，同是一件事，它有令人欢欣鼓舞的一面，也会有令人沮丧的一面。比如说，你求职成功了，这是你一直希望的，你终于有了一份工作，你可以以此为起点，一步步建立你的人生大厦；另一方面，它也意味着你将要面临更多的困难与挑战，你可能要经历多次失败，你可能干不了多长时间就会被炒鱿鱼。总之，你再也不能像以前那样自由自在了。

有关这两种心态的信息，会同时输入我们的头脑中。

问题是，我们必须重点培养那些积极的信息，尽量删除那些消极的信息。我们必须控制自己的意识，尽量少想甚至根本不想那些对我们不利的方面。一个人若总是摆脱不了那些消极信息的缠绕，就难以达到期望中的境界。

你如果想毁掉自己，最简单的方法，莫过于想象自己的无能与脆弱。

你可以成为强者，也可以成为弱者，就看你怎样去选择了。你愿意选择什么？"不怎么样"，还是"非常好"？

你应该用积极的语言而不是令人泄气的语言来与人交谈。如"你怎么样？""我非常好！你也一样吧？"这是积极语言；相反，像"不怎么样"、"马马虎虎"之类，就是消极性的。

不知你是否发现，中国人最喜欢用的一句话是："还可以吧！"其实，从自我暗示的角度来看，这种回答是不可取的。这是一种消极的表

第二章 性格决定成败
——发掘潜能为你加分

现。说这句话的人,他自己的感觉一定是对现状不太满意的,最起码不是上进的。听到这种回答的人,心理上也不会受到什么激励,也许他原本还是振奋的,结果一遇到这样的回答,就像被泼了一盆冷水,满身的热情也被浇灭了。

要从不愉快的事情中挑出积极的方面,确实有些困难,但是为了能有积极的心态,你又必须这样做。也许你经历着失败,但失败带给你的是教训、是经验,这难道不是它积极的一面吗?虽然这种教训和经验也许会使你付出太大的代价,但它总比什么也得不到要好。

在你的周围,如果你接触的都是事业上和生活中的强者,都是那种奋发向上的人,你也会自然而然地受到影响,久而久之也会变得跟他们一样。因为你会在不知不觉中模仿他们,以他们为榜样。相反,如果你平时所遇到的都是些意志消沉、充满绝望的人,你若要建立强烈的成功信念,恐怕很难。近朱者赤,近墨者黑,确实是这样的。

很多时候,你一直不相信自己能做某些事情,但可能由于某个偶然的机会,你做到了,而且做得很不错。这时,你是让它悄悄地成为你的历史呢,还是以此为契机,重新为自己设计一个全新的蓝图?

一次偶然的机会可以改变你的信念,改变你的人生道路。在你的人生历程中,肯定也会有不少偶然经历,你抓住它们了吗?

许多人抱怨自己为什么没有巨额的财富,为什么没有精彩的人生,可是他们并没有意识到,他们完全可以用另外一种态度来看待生活。

在生命的历程中,困难、挫折,甚至突如其来的厄运,都有可能降临到每个人的头上。人们处在这一系列的围攻之中,无奈地做着各种形式的抗争。可是这种被动的抗争并没有在多大程度上改变他们的处境。于是他们得出了结论:这辈子,命该如此了。事实果真如此吗?

你想得到的东西在变为现实之前,你必须先在头脑里得到它们,你要学会做积极的想象。把责任推给周围的环境是一般人最常用的借口,可是在同样的环境中,为什么有的人能取得成就呢?

同处在一个公司里，有的人总能按时工作，愉快地接受上司的指示。他尽量把自己范围内的工作做好；他适时地提出一些积极有用的建议；他主动地做本来应该是别人做的事；他友好地对待身边的每一位同事；他利用空闲时间学习了大量相关的专业知识；他把公司看作是他自己的家、看作是他快乐的一部分。

而另外一些人，则喜欢以一种十分自由的方式来对待工作。他经常迟到或早退；他从不肯加班；他在工作期间看无聊的杂志甚至玩游戏；他对他的客户透露了不该透露的秘密；他和同事吵架，当上司出面调停的时候他又怨恨上司，觉得他太偏心；下班后的所有时间他拼命地娱乐以发泄压力；他对一切人都没有好感，他感到所有的人都在跟他作对，这个世界是灰色的。

第一种人，他会在那种积极的环境中不断进步，达到自己理想中的状态；第二种人则会愈陷愈深，难以自拔，最后不得不向生活妥协投降。因此，你要时时保持积极的人生态度。

一个人的态度反映了他内心的想法。有积极态度的人始终用最积极的思考，最乐观的精神和最辉煌的经验支配和控制自己的人生。失败者刚好相反，他们的人生是受过去种种失败与疑虑引导和支配的。所以，我们要学会以积极的态度去面对生活中的事情。

12 不做自己的奴隶

现代生活中有相当一部分人在不知不觉中扮演着"心理奴隶"的角色，他们从事着自己不喜欢的工作，生活在不喜欢的环境里，做着违背自己意愿的事情……

真正压榨和奴役他的不是别人，而是他自己。这些人整天抱怨，说自己像一个奴隶一样，他的内心就渐渐产生了这种低人一等的心态，真

第二章 性格决定成败
——发掘潜能为你加分

正变成了一个奴隶。用你良好的性格来消除这种心态很简单，就是不断地战胜自己。不要自己奴役自己，不要做自己的奴隶。要善于寻找奴役自己的是什么，要勇于战胜自己，要让自己成为真正的优秀者。

其实很多人都活在自己的奴役之下，他们不认识自己，不知道自己是谁，自己要的是什么，因此，常常很盲目地跟随潮流走，人家说什么他就做什么，自然会感到无奈。

这样的"心理奴隶"大概有五种类型。

一是在意"别人怎样想"型。

这种心理最普通，对创造力和人格最具有破坏性，多见于心理不成熟的人。"我多说话，别人就会认为我爱出风头"、"我做那件事，别人会嘲笑我"……这种"别人"式的想法使之成为"别人"思维的奴隶。大部分有这种心理的人还会去倾听不够资格的人的忠告，这会严重影响他们的创造力。如想走出困境，应该：

（1）如果你在模仿他人之后能感觉到快乐，不妨尽力去模仿。否则，你就应该按自己的方式去生活。

（2）理智地面对别人的批评指责，因为表现越出色，被人当作闲谈对象的机会也越多，被批评的机会也越多。

（3）与敢作敢为、乐于助人、志同道合的人做朋友。

二是觉得"注定失败"型。

这种心理使人缺乏自我意识，认为自己很渺小，无法真正看清自己。他们经常抱怨"我没有好机会"、"我将会失败"、"周围的人都在跟我作对"、"领导没有看重我"……其实，思考本身就能左右事情发展。当一个人想要怎样时，他就真会变成那样。如想走出困境，应该：

（1）经常使用良好积极、建设性的语言暗示自己，增强自信心。平时尽量从"为什么能做到"方面着想，而不应围绕"为什么无法做到"打转。

（2）脑子里经常想着"我要成功"、"我是一位胜利者"，这会增强必胜的信念，并努力寻找各种有助于成功的方法。积极的心理暗示是非常重要的方法。

三是认为"为时太晚"型。

这种心理通常认为在某一年龄阶段时就应当做某事情。比如有的认为自己错过了一个很好的机会，现在进退维谷、骑虎难下，只得听天由命。有的认为自己26岁已经太大了，无法再进大学深造，有的认为自己40岁了，事业没有奔头了，等等。如想走出困境，应该：

（1）不要理会年龄的限制，并从生活中寻找鲜活的榜样。

（2）不能苟且偷安，要有计划、有步骤地向着自己的理想努力。

四是缺乏"安全感"型。

许多人宁愿吃"大锅饭"也不愿改革，这就是典型的缺乏"安全感"。缺乏想象能力是缺乏"安全感"型的人的共同心理特征。其实风险是客观存在的，人类生存、发展，就是一个不断奋斗、不断消除不安全感的过程。如想走出困境，应该：

（1）培养多种兴趣，使生活变得丰富多彩。兴趣爱好多了，选择也就多了。

（2）因为有风险才会有攀登，有困难才会有突破，有压力才会有奋起，有风浪才会有搏击。因此要学会面对种种困难和罕见、未知的事物。

五是深陷"过去错误"型。

心灵被过去的失败创伤所控制，害怕任何新的尝试是其主要特征。一朝被蛇咬，十年怕井绳。因失败而灰心丧气，不懂得从失败中总结经验教训。深陷在"过去错误"中会损害人的探索能力，让人裹足不前。如想走出困境，应该：

（1）将失败看成一种投资，就不觉得是损失了。有人说爱迪生为了造出第一个实用的电灯泡失败了9999次，但他本人则认为自己发现了9999种无法适用的方法。

（2）能及时觉察到的错误，那根本就不能算是错误。

做自己的主人这一点，在人性越来越自由的今天，依然具备一定的价值。拥有良好的教育背景、体面的工作、稳定的收入，你能肯定这样就具备了你心中期待的心灵自由了吗？是不是还会有一些苦涩在心底暗涌？

我们应该培养良好的性格，这样就能使自己超越被奴役的层次。在抱怨自己是他人的奴隶之前，先看看你是否是自己的奴隶。

总之，我们不要做自己的奴隶，要摆脱心理阴影，并努力发掘自身潜能，这样你就能获得无坚不摧的信心和勇气。

13 优柔寡断是成功的最大敌人

人生在世，不要追求尽善尽美。俗话说："金无足赤，人无完人。"

在成功路上奔跑的人，假如能在机遇来临之前就能识别它，在它消逝之前就果断采取行动占有它，将它抓获，那么，他就有成功的机会。否则，机遇就会转瞬即逝，或者是日久生变。这样必将导致幸运之神远离你。机遇可以说是一位神奇的、充满灵性的，但性格怪僻的天使。它对任何一个人都是公平的，但它绝不会无缘无故地降临。坐等成功的到来，只能眼睁睁地看着机遇擦肩而过。

遇事优柔寡断，拿不定主意，这是生活中经常可以见到的现象。有人上街要买台彩色电视机，由于价钱过高，又不是名牌，反复比较，反复动摇，结果跑了很多家商店，还是决定不下来。心理学家认为，人们在处理问题时所表现的这种拿不定主意、优柔寡断的心理现象是意志薄弱的表现。如何克服遇事拿不定主意、优柔寡断的缺点呢？

培养自主、自强、自信、自立的勇气与信心，培养自己具有独立意志的优良品质。

俗话说"有胆有识，有识有胆。"增加自身的学识，有助于克服自己的优柔寡断。

"凡事预则立，不预则废。"平时要注意经常开动脑筋，勤学多思是关键时刻有主见的前提与基础。

排除外界的干扰和暗示，稳定自己的情绪，由此及彼、由表及里，仔细分析，亦有助于培养果断的意志。

犹豫不决者，对复杂的人际关系充满焦虑，怕"人言"，毕竟"人言可畏"，人言像把刀，是可以"杀人"的。自己的一举一动似乎都在为他人表演，希望自己的表演赢得他人的掌声。他们怕做"出头鸟"，怕"吃螃蟹"，对一切新事物持观望的态度，因此，失去了机会，失去了舞台，错过了挖掘与表现自我的机会与可能。

犹豫不决者，就会被挤到没有机会的死水中，坚强的意志力能将之克服。假如能很好地了解这些，接下来的就只是怎样去克服问题本身的事情了。

14 严格地要求自己

假若一个人不能控制自己的头脑，思想总被他人干扰的话，就不会形成自己的思想，从而头脑会成为不伦不类的"大杂烩"。

男高音歌唱家帕瓦罗蒂在介绍自身的成功经历时写道："我在家乡跟一位专业歌手学唱歌，同时还要去师范学院上学。毕业的时候，我问父亲自己今后是当教师还是当歌唱家，父亲说：'如果你想同时坐两把椅子，你只会掉到两把椅子中间的地上。在生活中，你应该选定一把椅子。'我选择了唱歌，经过14年奋斗，我终于获得了成功。"

成功的决策者，不仅仅意味着明确坚决做什么，同时也意味着坚决不做什么。果断取舍，是一种大智慧。在各种各样的诱惑面前，目标始

第二章　性格决定成败
——发掘潜能为你加分

终如一，这是难能可贵的，而将"一把椅子一坐到底"，的确是一种执著。

会限制自我的人，就会发展自我；会发展自我的人，也会限制自我。正如比尔·盖茨所说："坚持自己该做的事情，是一种勇气；绝对不做那些良知不允许的事，是另一种勇气。"有了这些勇气，我们就能为着预定的目标，选择该做的事，舍弃不该做的事。

限制自我是一种强制行为，它不仅表现在对精力的运筹上，还表现在对时间的调度上；不仅表现在对其他专业兴趣的控制上，也表现在对娱乐活动、应酬方面的限制上。人的生命是有限的，它经不起虚度和摧残。

限制自己需要顽强的意志力，这种意志是一个逐步积累的过程。平时，要从调节自己的情绪起步。以思绪控制行动的人是弱者；相反，能用行动来控制思绪的人，则是强者。

比尔·盖茨在谈到自己对不正常情绪的制约时说，面对不正常情绪他采取"反其道而行之"的方法——假若我觉得沮丧，我就唱歌；假若我觉得悲伤，我就大笑；假若我觉得无法胜任，我就想想过去的成就；假若我觉得无足轻重，我就想想我的目标。

要常常注意将情绪调整到较佳的位置，长久下去，就能增强自己的聚焦意志，使聚焦效应结出丰硕的果实。

豪威尔，一位深谙自我管理艺术的人物。1944年7月31日，他在纽约大使酒店突然身亡的消息震惊了整个美国，华尔街更是骚动不已，因为他是美国财经界的领袖，曾担任过美国商业信托银行董事长，兼任几家大公司的董事。他受过的正式教育很有限，他在乡下小店当过店员，之后当过美国钢铁公司信用部经理，并一直朝更强大的权力地位努力迈进。

在谈到他成功秘诀的时候，豪威尔说："几年来我一直都有一个记事本，登记一天中有哪些约会。家人从不指望我周末晚上会在家，因为他们了解，我常把周末晚上作为自我检查、评估自我一周中工作表现的时间。晚饭后，我会独自一人打开记事本，回顾一周来所有的面谈、讨论及会议过程。我会自问我当时做错了什么，有什么是正确的，我还能干什么来改进自己的工作表现，我能从错误中吸取什么教训等问题。这种每周检讨有时弄得我很不开心，有时我几乎不敢相信自己的莽撞。当然，年事渐长，这种情况倒是越来越少，我一直保持这种自我分析的习惯，它对我的帮助非常大。"

豪威尔的这种做法或许是向富兰克林学习的。不过富兰克林并不等到周末，他每晚都自我反省。从自我反省中他发现自己非常严重的三项错误是：浪费时间、关心琐事及与人争论。睿智的富兰克林知道，不改正这些缺点是成不了大业的。因此，他把一周改进一个缺点作为目标，并每天记录。下一周，他再努力改正另一个坏习惯。他以这种方式与自己的缺点奋战，整整持续了两年。富兰克林之所以会成为受人爱戴、极具影响力的人物，与他这种习惯是分不开的。

在成功学大师卡耐基的私人档案柜里有一份很特殊的卷宗，内容都是"我做过的傻事"。有时，卡耐基会口述这些事情给秘书记录，不过有的时候某些事委实"傻"得太厉害了，卡耐基都不好意思说出口，只好自己动手记下来。

假如卡耐基够诚实，这样的卷宗恐怕早就需要成立专柜了。就如3000年前所罗门王说过的话："我当过傻瓜，犯过无数错。"

每当卡耐基翻阅这些卷宗，重读自己对自己的按语的时候，就像有一面镜子摆在那里，让他看清自我。

以前他把错误都归在他人身上，但是后来他知道，他要对很多事情负大部分的责任。很多人在年事渐长之后，都会逐渐体会这个道理。"只有我自己，"拿破仑被放逐之后说，"必须为我的没落负责任。我是我自己最大的敌人——我所有不幸的根源。"

只有杰出的人物才能自我检讨，勇于认错。你认为你是他们之中的一分子吗？下一次再听到别人的批评时，别急着跺脚，先想想他的话有没有道理。假若有道理的话，你就应该高兴；没道理的话，那更不值得生气了。

比尔·盖茨告诫人们："我们当自己最严格的批评家，在自己见不到的地方，更要衷心欢迎别人善意的批评。"

15 每一种性格都能成功

促使事业成功的因素很多，包括职业的选择、受教育的程度、个人的综合素质等，其中性格因素可以起到决定性的作用。

鲁国大夫季康子向孔子打听他的几个得意门生的才干怎么样，孔子一一做了回答。季康子问有军事才能的子路可否从政，孔子说子路个性相当果敢，可为统御之帅。假如从政，恐怕不太合适，因为他过刚易折。

季康子接着问，请子贡出来做官好不好，孔子说不行，子贡太通达，把事情看得太透彻，功名利禄全不在眼下。假如从政，也许会是非太明而不妥当。

季康子又问道冉求是否可以从政，孔子说冉求是个才子、文学家，名士气太浓，也不适合从政。

由此，可以看出，孔子这样的先哲圣人，也十分重视性格在一个人成就事业中的重要作用。

内向型性格的人把他们的注意力和能量集中于内部的世界，他们喜欢独自一人并需要以此来"充电"。内向者喜欢在感受世界之前去了解它，这就意味着他们的大部分活动都是精神上的。他们偏好小范围的社会活动，或是在一个小群体内。内向者总是避免成为被注意的中心，而且他们一般要比外向者沉默一些。

内向型的人适合以物（图书类、机械类、动植物学等）为对象，扎扎实实地干工作。一般来说，一个人从事的职业是最适合他们的，假如有几个人合作，但相互间没有交叉关系，而是平行作业的职业，也相当适合内向型的人。

内向型的人在特别需要耐心的工作中更能发挥特长，外向型的人很快就厌烦、放弃的工作，他们却能做得很好；要求周密、细致、规则、单纯反复的工作，都适合内向型的人。具体来说，适合内向型人的工作，有学者、研究者、技师、书记员、会计、电脑操作者等等。

以复杂的人际关系为主的职业，不适合内向型的人。譬如说他们可能适合做个优秀的经济学者，但不适合担任公司的经营者，同时，他们也不适合从事服务业。

但是，内向型的人由于具备了诚实、严谨、忠厚、有耐心等优点，有时在处理人际关系的工作上也能出奇制胜。

性格内向的人在找工作时，特别是面试时，应该注意哪些问题呢？任何工作都避免不了与人沟通，内向型性格的人同样不可避免。关键是要选择一份属于自己的工作，并且在面试时要表现出能够做好这份工作的信心与实力。

内向的人假若要坚持锻炼自身的待人接物能力，还需要付出比一般人更大的努力。那么，在职业选择中，外向性格的人是不是比内向性格的人略胜一筹？其实不然，这要视求职目标而定。假如那个职位需要的求职者是安静、谨慎、细致的，那性格内向的人胜算就会更大一些；而假如职位要求外向、善于与人打交道、领导能力强的人等，那外向型人的胜算自然会大一些。性格本身并没有什么好坏，而要看性格与职位的契合度究竟如何。

外向者把注意力与能量都汇聚于外部的世界，他们寻找别人以感受人与人之间的相互作用。不论是一对一，还是在一个群体当中，他们常常被外部的人和物所吸引。由于外向者需要通过感受来了解世界，他们会更加趋于参加很多活动。外向者以与他人在一起和经常认识很多人的方式给自己"充电"，因为他们喜欢成为活动的焦点．而且又容易接近，因此，他们也更容易结识陌生人。

一般情况下，外向型的人适合从事集体工作，例如公务员、公司职员等。外向型的人比较适合和周围的人齐心协力工作，他们最适合与人接触频繁的工作，如与交涉、谈判有关的工作、服务工作、销售工作等。杰出的公关人员，大多都是这种类型的人。外向型的人也适合做宣传人员和教育者。如果有卓越领导能力的，更适合成为指挥、监督、领导别人的上司，而且外向型的人中也不乏成功的实业家及政治家。

性格开朗的人适合的工作很多，他们在什么地方都能找到乐趣。从销售、市场策划到管理，都需要由开朗的人来主持。开朗作为一种处世心态，对职业发展有很大帮助。而且开朗不代表没心机，一个人完全可以生性开朗，却也可以有敏锐的洞察力和高明的谋略。

但是，在实际工作中，很多性格开朗的人也未必就一定喜欢自己所从事的工作。

性格与行业从宏观角度来讲联系并不密切，而性格与职业却有着根本性的联系。人在性格基础上接受的教育不同，人生观也不同，所以，基于性格的兴趣、爱好也就不同，或多或少会受环境的影响。

16 发掘自己的潜能

一般人最不好的一种毛病，就是认为自己在某一方面不具有特殊的才能，因此，往往不去尽他最大的努力。然而有很多人，起先似乎是庸庸碌碌、不起眼的人，日后却成为伟大的人物。在我们的力量没有受过检验以前，我们是不能明白自己究竟有多少潜在力量的。

自强是比朋友、金钱以及种种外界的援助更为可靠的东西。它不仅能排除阻碍、战胜艰难，还能使各种探险及发明获得成功。

每个人都可以自强自立，然而真能充分发挥其独立能力的却很少。依赖他人、追随他人，让他人去思考、去计划、去工作，这自然要比我们自己去努力便利得多、舒适得多。

以为事事都有他人替我们做，自己可以不必努力了，这种感觉最具危害性。

在风平浪静的湖面上驾驶船只，是不需要复杂的技巧和长期航行经验的。只有当海洋为暴风雨所激怒，船只有灭顶的危险，舟中人相顾失色、不知所措的时候，舵手的航海能力，才能检验出来！

只有在受极度困境检验，浑身所有的智力、能力必须拿出来挽救当前危难的时候，一个人才能发挥他最大限度的力量。

经济窘迫、事业惨淡、生活艰难，这时才是人获得最大长进的时候。没有奋斗，就不会品味生命的成长。

你能放弃求助于他人的念头，而完全变得自立、自强，那么在这个时候，你已踏上成功之路了。你可以不借外力、自强不息，你就能发挥出意想不到的能量。

外界的助力，在当时看来似乎是一种幸福，但最终它是一种"祸害"，因为它会阻止你上进。给予你钱的不是你的好朋友，能够督促、鼓励你去自立自助的，才是你的真朋友。

一个人依赖别人的时候，他不能感觉到自己是一个"完全的人"。当有了一种职业、位置，而可以绝对自立时，他才能感觉到自己是一个无缺憾的人，才能感觉到一种光荣与满足。而这种光荣与满足，是别人所不能给予的。

也许有时命运会将我们置于忍无可忍的痛苦深渊，那时我们也要磨炼自己的意志，强化自己的信念，你要清楚信念有压倒一切的力量。在人们的内心深处，要永远保持"坚持到底就是胜利"的信念。

当我们历尽艰辛，仍然前途渺茫，甚至走投无路、万念俱灰的时候，不屈不挠的信念会给我们的精神以引导，给我们的情感以温暖，给我们的意志以鼓舞。没有任何一种生活是十全十美的，只要有坚定的信念，就没有改造不了的自我，就没有逾越不了的屏障，就没有抵达不了的彼岸。

树立远大的目标，发掘自我的潜能，那么，所有瞻前顾后的疑虑、驻足不前的懦弱和逆来顺受的消极统统都会被我们置于脑后，我们将获得无坚不摧的信心与勇气。

17 改掉寻找借口的坏习惯

为自己的失败寻找借口的习惯与人类的历史同样古老，这是成功的致命伤。寻找借口是人类本能的习惯，这种习惯是难以打破的。柏拉图说过："征服自己是最大的胜利，被征服是最大的耻辱和邪恶。"

任何一个人做事不可能一辈子一帆风顺，就算没有大失败，也会有小挫折，而每个人面对失败的态度也都不一样。有一部分人不把失败当回事，他们认为"胜败乃兵家常事"；也有一部分人拼命为自己的失败找各种各样的借口，告诉自己，也告诉别人：我的失败是由于他人扯了后腿、家人不帮忙，或是身体不好、运气不佳等。总之，他们可以找出一大堆的理由。

一个遇事喜欢找推脱理由的人，在面临挑战时，总会为自己未能实现某种目标找出各种各样的理由。

而成功人士大部分都不善于、也不需要编制任何的借口，因为他们能为自己的行为与目标负责，同时，也能享受自己努力的成果。他们深知寻找借口的把戏阻止人们去辨别、去思考新思想。新思想、新观念总是让人不舒服的，因为接受它们可能就意味着承认自己从前不同观点的错误。实际上，很多人都有程度不同的观念和认知的偏差。假如他们愿意改变自己的观念，不再为自己寻找借口，那么，他们就能战胜自己寻找借口的习惯。

某公司的一名女职员在即将下岗的时候，怒气冲冲地来到老板办公室，抱怨老板从来都没给过自己表现的机会。

"那你为何自己不去争取呢？"老板问道。

"我曾争取到一些机会，但是，那些所谓的'机会'根本不能让我充分发挥自身的才能。"她依然振振有词。

"能否告诉我具体情况呢？"

"前一段时间，公司派我去外地营业部，我感觉像我这样的年纪就到外地工作真是大材小用。"

"为什么你会认为这不是一次很好的机会呢？"

"难道你没有看出来吗？公司本部有那么多的职位，却让我去那么远的地方。我是一名女职员，竟要我去那样恶劣的环境！"

实际上，这位女职员是在为自己不愿远行找一个借口罢了。

不要抱怨外在的条件。当我们抱怨时，其实就是在为自己找借口。而找借口的惟一好处就是能够安慰自己：我做不到是有原因的。但这种安慰是致命的，它暗示着自己：我克服不了这个客观条件造成的困难。在这种心理暗示的引导下，你就不再去思考克服困难、完成任务的方法，哪怕是仅仅改变一下角度就可以轻易达到目的。

不寻找借口，就是永不放弃；不寻找借口，就是锐意进取……要成功，就要保持一颗积极的、绝不轻易放弃的心，尽量发掘出周围人或事物最好的一面，从中寻求正面的看法，让自己有向前走的力量。即使最终还是失败了，也能汲取一些教训，把失败视为向目标前进的踏脚石，而不要让借口成为我们成功路上的绊脚石。

因此，千万不要找借口，把寻找借口的时间和精力用到努力工作中来，因为工作中没有借口，人生中没有借口，失败没有借口，成功属于那些不寻找借口的人。

失败了，不要把太多的时间花费在寻找借口上。再美妙的借口对事情的改变又有什么用呢？还不如仔细考虑一下，下一步究竟该如何去做。假如将下一步的工作做好了，转败为胜并非很难，这样一来，借口也就没有意义了。

为失败寻找借口的人一般都不承认自己的能力有问题。固然有很多的失败是来自客观因素，是无法避免的，但大部分的失败却都是由主观原因造成的。

找借口是人性中一个非常隐晦的弱点，一旦让借口成为生活中的习惯，你办什么事情都没有效率。抛弃寻找借口的习惯，你就不会为生活中出现的困难而沮丧，甚至你可以在事业上学会解决问题的大量技巧，这样借口就会离你越来越远，而成功会离你越来越近。

18 勇于挑战自我

人一生的奋斗过程其实就是战胜自我的过程。要想战胜自我，首先要尽量地了解自己。假如对自己的优点、缺点不了解，就很难在工作中扬长避短、战胜自我。

无论做何事都要具备一个正确的心态。在决定我们成功与失败的诸多因素中，心态占80%，其他占20%。世界上没有不好的人，只有不好的观念。做事取决于自己的心态，人生的辉煌始于观念的转变。人与人之间的差异很少，为什么有的人取得成功，有的人默默无闻呢？原因就在于心态。你的价值观决定你的思想，你的思想决定你的行动，你的行动决定结果，也就是你的命运。拥有正确价值观的人乐观面对社会，敢拼敢搏，遇到困难勇敢地去解决，相信自己能够办到，于是往前冲。反之，消极的人挑简单的事去做，遇到困难就逃避。积极的人能够控制情绪，消极的人整天被情绪所控制，整天唉声叹气，脸上没有一点笑容，好像人人都欠他似的，身边的朋友越来越少，敌人越来越来越多，最后走向失败。

怎样看待自己与自信心有关，自信心强的人善于看到自己的潜力，而自卑的人往往倾向于贬低自己。假如你觉得自己是个乐观向上的人，那么你就会表现得乐观向上；而假如你认为自己是个内向而迟钝的人，那很可能就会表现得内向迟钝。此现象同时也告诉我们，要充分地相信自己，因为人是可以改变的，同时人的潜力也是无穷的。

人在逆境中也如顺境中一样会迷乱方向。挫折与困难会使人们怀疑自身的实力。坚强的人能认识到自己的能力与优势，分析清楚失败的原因，权衡再三，相信自己可以成功。因此，再次鼓足勇气，再次树起理想，重整旗鼓，再创辉煌。也有一些人怀疑自身的能力，一再认定自己不行，因此会知难而退。

怎样才能看清自己呢？首先对自己要有一个最基本的认识：自己在人际交往方面有何特长，社交面如何？自己做事踏实吗？耐心与毅力如何？创新能力如何……根据这些信息给自己设计一个最佳的生活方式，选定一个比较能发挥自己优势的工作。

在工作中，人的能力会不断发生改变，人们同时也会不断发现自己新的潜力，所以，平时如能多加学习，多和朋友交流，多给自己一些锻炼机会，就会更早、更容易地发现自己的潜能，从而使自己的能力得到充分的发挥。

19 好态度意味着好结局

态度决定了主观的一切。有了认真的态度，兢兢业业、一丝不苟，不论是读书、求职、做人，都会有精彩的篇章、完美的结局。

有这样一个文字游戏，假设 A 代表 1，B 代表 2，以此类推，每个

第二章 性格决定成败
——发掘潜能为你加分

英文字母都代表在字母表中它的顺序的那个数字，那么，哪个英文单词将所有字母所代表的数字相加可以得到代表圆满的 100 呢？不是知识（Knowledge——11＋14＋15＋23＋12＋5＋4＋7＋5＝96），不是金钱（Money——13＋15＋14＋5＋25＝72），而是态度（Attitude——1＋20＋20＋9＋20＋21＋4＋5＝100）。

当然，这也许只是一个巧合，但是态度一词是英语或者任何一种语言中最重要的一个词语，这句话是英国著名的广播评论家南丁格尔爵士说的。

虽然，人们有很多东西可以隐藏起来，比如自己的年龄、收入、学历、家庭情况，但是没有人可以隐瞒自己的态度。一个人的态度可以被理解为对待人或事的一种方式，这一点在与人的交往中立即就能被人感觉到。它通过面部表情、声音和语调，甚至身体语言辐射出来。人们在相互交往过程中能立即感觉出一个人对待自己的态度如何，而周围的人受他的态度的影响也会立即做出回应。如果他表现得积极、自信、容易接近，别人也会同样表现出积极、自信、容易接近的样子。

可以设想有这样两个人先后去拜访同一个公司，其中一个人表情呆滞、不高兴，满脸愁容，对自己缺乏自信，而另外一个人面带微笑，友好亲切，那么哪一个能够通过门卫并见到潜在的客户呢？如果要人们在两个产品或者服务中选择一个，或者与两个态度截然相反的人之一做生意，通常会选择哪一个，态度积极的那个，还是消极的那个？

很显然，人们都喜欢态度积极的人。让大家喜欢对个人来说是非常重要的，人们越喜欢一个人，就越容易受他的影响，越愿意帮助他实现他的目标。

因为人都是感性动物，总是先靠感性来做决定，然后再用理智从理论上证明它的正确性。而人无论在什么情况下都会受到感情的左右，尤其是在与别人的交往过程中。在理智与情感的较量中，感情总是会战胜理智。因此最受人们欢迎的人往往也是各个领域内最有影响的人。无论一个人做什么事情，积极的态度和成功都是密不可分的。有一句谚语是这样说的："决定你成就如何的不是你的能力，而是你的态度。"当一个人成为一个积极而乐观的人以后，人们就会向他打开那些对其他人关闭的机会之门。

有一个女孩在毕业后，被一家橡胶公司聘用，试用期为6个月。她所在的化验室是清一色的女性，尽管她很虚心地向女同事们请教，但大家对她仍然很冷漠。4个月后，公司的每个部门要裁减一人，采取领导与部门员工评议相结合的方式进行综合打分决定取舍。结果，女孩儿的分数最低，裁员通知书下来了。

有3天，她就要走人了。本来，这个女孩可以和公司把工资结算好之后就离开公司，但女孩认为，她还是公司的职员，有义务把工作做好，而且必须认认真真。这几天，那些女同事也呈现出少有的热情。最后那一天，女同事让女孩下午干脆别上班了，活儿全由她们包了。但女孩没有这么做，那个下午，女孩跟第一天上班一样，仍旧把工作台洗刷得一尘不染，把用过的烧杯和试管摆放得整整齐齐。此时，她心里感到十分充实和自豪。第二天，劳资部负责人递给她一张调令说："你今天到质检部报到。经理说，留下你是因为你工作态度认真，像你这样的员工难得。"

好的工作态度是职场致胜的必备武器。对每一个职场人士来说，面对工作，首先要调整的就是自己的态度。只有用积极的态度对待工作，才能取得良好的工作效果。

20 做事情要脚踏实地

无论你是一个多么有能力的人，都必须踏踏实实地走好人生的每一步，绝不能因好高骛远，而给自己增设成功的障碍。

第二章 性格决定成败
——发掘潜能为你加分

一个人能否获得成功，其个人必须具备一定的能力。然而，在现实当中，有很多能力尚可的人，却没有获得成功。这是什么原因呢？心理学家说："能力是基础，工作态度则是充分发挥能力的保证。以前有很多调查都表明了踏实的工作态度对工作的成功影响是非常大的。"有很多人，虽然个人能力相当的出众，但是缺乏踏实做事的意识与心态，往往不能出色地完成工作；相反，有的人虽然个人能力不是很出色，但他们做事非常踏实，反而能够出色地完成工作。

脚踏实地应该是每一个人所必须具备的素质，也是你加薪升职、成就一番事业的关键因素。而自以为是、自高自大、好高骛远则是成功的最大敌人。你若时时把自己看得高人一等，处处表现得比别人聪明，那么你就会不屑于做小事、做基础的事。一个做事不够踏实、好高骛远的人，往往会使自己陷入无法自拔的尴尬境地。

道尼斯从学校毕业后，直接进了一家非常有实力的大型企业，工作起来如鱼得水，他的能力得到了主管一致的认可。在公司里，他可谓平步青云，没过多久，他自己也成了主管。但是他却有一个致命的缺点：做事不够踏实。有一次，公司交给他一个专案，要他单独完成。虽然这是对他的考验，但也是对他能力的承认，因为其他人的能力不足。他认为这不过是一次简单的工作罢了，也就没有比其他工作更重视。但是，没过多久就传出他被公司处罚的消息。原来，因为他在做决定的时候不够谨慎，所负责的专案出现了严重的差错。以前，他也犯过同样的错误，当时主管看他比较年轻，而且潜力很大，只希望他能够吸取教训能够改掉。没想到，他现在依然没有改掉这个毛病，终于给公司带来非常大的麻烦。他自己也知道这次事情的结果比较严重，所以主动要求接受处罚，辞去主管职务。他并非能力不足而是做事不够踏实。

一个人要想实现自己的理想和人生目标，就必须调整好自己的心态，脚踏实地，从一点一滴的小事做起。在最基础的工作中，全力以赴，这样会使你越发能干，不断地提高自己的能力，为自己的未来积累雄厚的实力。

很多人一踏入职场，就希望明天当上总经理；刚开始创业，就期待自己能像比尔·盖茨一样成为富人之首。要他们从基层做起，他们会觉得很丢面子，甚至认为他的老板对他简直是大材小用，浪费人才。他们尽管有远大的理想，但由于缺乏对专业的了解和丰富的经验，也缺乏脚踏实地的工作态度，往往不会有大作为。

记住：你要先摘容易摘的果子。先摘容易摘的果子——先做容易做的事情，体现的是一种脚踏实地的工作精神。脚踏实地的人，很容易控制自己心中的激情，避免设定高不可攀、不切实际的目标，也不会凭借侥幸去瞎碰，而是认认真真地走好每一步，踏踏实实地用好每一分钟，甘于从基础工作做起，并能时时看到自己的差距。

那些自以为聪明的人，极容易头脑发热，不自量力地去挑战具有极高难度的工作，结果让自己输得惨不忍睹。而如果把自己看得笨拙一些，你就不会赤膊上阵做傻事。适当的笨拙可让你遇事三思，分析自己的长处和缺点，权衡利弊之后再动手，并时常拿实力与自信相对比，不逞匹夫之勇。如果冒险了，就算达不到预期的结果，也一定要有所收获。

李嘉诚曾经说过："不脚踏实地的人，是一定要当心的。假如一个年轻人不脚踏实地，我们使用他就会非常小心。你造一座大厦，如果地基不好，上面再牢固，也要倒塌的。"

森林中的大象正是依靠自己庞大的身躯和沉稳的步伐，才在动物王国中树立了威严，你也需要在工作中向踏实稳重的大象学习。先摘容易摘的果子，从最简单的事情做起，一步一个脚印，这样才能沉稳地踏上成功的台阶。

第二章 性格决定成败
——发掘潜能为你加分

21 像恭候成功那样恭候失败

　　失败和成功一样，是我们每个人生命中必然具备的一部分。失败只不过是暂时的挫折，它是通往成功大道的一级石阶。它告诉我们的是某些方法已经行不通了，而某些方法还没有试过。所以，我们要像恭候成功那样恭候失败。

　　失败是一块人格的实验田，我们不该让沮丧、颓废的野草在里头疯长，正确的做法是播下希望的种子，用坚持的水来浇灌，挥动执著的铁铲将消极埋葬。

　　在克服失败的旅途中，我们不仅时时受到外界的压迫，而且还时时受到自身的挑战。我们认为自己无法抵挡困难，我们不是被对手击倒的，而是被自己打败了。

　　一位著名的跳高运动员在一次比赛中输给了一个名不见经传的选手。受上次的影响，从一开始他就产生了恐惧感，第二次的比赛中，他又输掉了。其实他知道并非技不如人，所以在第三次比赛前，他做了充分的准备，告诉自己一定可以凭借实力战胜对手。通过这种心理暗示，他成功地驱走了心中的阴影，消除了心理障碍，终于击败了对手。

　　没有人生来就注定成功。李阳小时候是一个很内向的孩子，不敢见陌生人，有人来家里做客他就躲起来不见，更别提说话了。在他已经十几岁的时候，亲戚朋友都还没有见过他。父亲为了使他克服这种情况，总是逼他做他不愿意做的事。在他上大学的时候，英语特别差，经常不及格，不学又不行，实在被逼得走投无路的时候，不得不打起精神，每天早上都要学习英语。为此，他干脆跑到校园里的烈士亭上放开喉咙大声背诵英语，没想到这倒激发了他的灵感：这样做不仅能集中精力，还容易记住。

他就这样喊了几个星期，居然喊出了信心，胆子也大了，他就去学校的英语角，说出来还像模像样的。

以后只要有时间，李阳就像疯子似的天天在烈士亭上大声朗诵英语，不管刮风下雨，还是沙尘漫天。为了增加自己的胆量，他还把自己装扮得特别另类，在校园里声嘶力竭地说英语。不管别人怎么看他，依旧我行我素。终于他的英语成功了，他用英语给人们演讲，告诉他们怎样突破自我，怎样提高英语能力。尽管演讲让他紧张得直吐气，但还是获得了意想不到的成功。

就这样，他的"疯狂英语"席卷了全国。

一个不敢挑战自我的人，如果经受不住考验，就不可能成功。只有激起挑战生存困境的勇气和决心，才能战胜自我。

瑞典著名化学家诺贝尔，被认为是"科学疯子"。诺贝尔一生致力于炸药的研究，共获得技术发明专利355项。诺贝尔在瑞典的时候，开始制造液体炸药硝化甘油。这样的大危险在这种炸药投产后不久得到了验证。工厂发生爆炸，诺贝尔最小的弟弟埃米尔和另外4人被炸死。由于危险性太大，瑞典政府禁止重建这座工厂，被认为是"科学疯子"的诺贝尔，只好在湖面的一支船上进行实验。诺贝尔将火棉与硝化甘油混合，得到胶状物质，称为炸胶，比先前制造的炸药有着更强的爆炸力。在1887年的时候诺贝尔发明了无烟炸药。

美国著名电视节目主持人亚特·林克勒特说："我刚刚步入这个社会时所遭受的打击正是我后来事业成功的基础。"我们愈不把失败当作一回事，失败就愈不能把我们怎么样。只要我们坚持下去，成功的可能性就愈大。

第二章 性格决定成败
——发掘潜能为你加分

22 努力挖掘自身性格中的积极特征

性格特征中的积极性是指一个人的性格特征与社会文明和伦理进步的一致性及其对一个人精神活动的推动力。有人对享有盛誉、成就卓著的林肯、爱因斯坦、詹姆斯、罗斯福等人的性格特征进行过研究，发现如下特征是他们的共性：尚实际、有创见、结知交、重客观、崇新颖、求善执著、爱生命、重荣誉、能包容、富幽默、悦己信人。这些性格特征对他们确立造福于人类的信仰，并支持他们始终如一地为实现信仰而奋斗，起到了重大作用。

所以，一个人要想成就一生的幸福，就必须以积极的心态面对世界，以积极的心态做人做事，以积极的心态指导自己的人生走向。

在人的一生中，积极的心态是一种有效的心理工具，是你能够看透自己的必备素质。我们怎样对待生活，生活就怎样对待我们；我们怎样对待别人，别人就怎样对待我们。

"心态失衡是现代人常被击垮的一个性格弱点，因为他们无法从消极心态过渡到积极心态。这种失衡性格成为一个时代的疾病。"皮鲁克斯在《现代人性格何以失衡》一书中这样说，"积极的心态是种力量，如果一个人有信心、求希望、有诚意、善关爱、肯吃苦，而不是悲观、失望、自卑、虚伪和欺骗，那么这种人的个性就是令人欣赏的，同时也是他成大事必不可少的良好品质。"事实上，心态如何在很大程度上决定了我们人生的成败。

在美国，一位叫塞尔玛的女士内心愁云密布，生活对于她已是一种煎熬。她随丈夫从军，没想到，部队驻扎在沙漠地带，住的是铁皮房，与周围的印第安人、墨西哥人语言不通；当地气温很高，在仙人掌的阴影下都高达华氏125度；更糟的是，后来她丈夫奉命远征，只留下她孤身一人。因此她整天愁眉不展，度日如年。我们能想象她内心的痛苦，就像我们自己也会经常碰到的那样。怎么办呢？无奈中，她只得写信给父母，希望回家。

久盼的回信终于到了，但拆开一看，使她大失所望。父母既没有安慰她几句，也没有说叫她赶快回去。那信封里只是一张薄薄的信纸，上面也只有短短几行字："两个人从监狱的铁窗往外看，一个看到的是地上的泥土，另一个看到的却是天上的星星。"

她开始非常失望，还有几分生气，父母回的怎么是这样的一封信？！但尽管如此，这几行字还是引起了她的兴趣，因为那毕竟是远在故乡的父母对女儿的一份关切。她反复看，反复琢磨，终于有一天，一道闪光从她脑海里掠过，这闪光仿佛把眼前的黑暗完全照亮了，她惊喜异常，每天紧皱的眉头一下子舒展了开来。

原来从这短短几行字里，她终于发现了自己的问题所在：她过去习惯性地低头看，结果只看到地上的泥土。而我们生活中一定不只有泥土，一定会有星星！自己为什么不抬头去寻找星星，去欣赏星星，去享受星光灿烂的美好世界呢？她这么想，也真开始这么做了。

她开始主动和印第安人、墨西哥人交朋友，结果使她十分惊喜，因为她发现他们都十分好客、热情，慢慢都成了朋友，印第安人、墨西哥人还送给她许多珍贵的陶器和纺织品做礼物；她研究沙漠的仙人掌，一边研究，一边做笔记，没想到仙人掌是那样的千姿百态，那样的使人沉醉着迷；她欣赏沙漠的日落日出，她感受沙漠中的海市蜃楼，她享受着新生活给她带来的一切。慢慢地她真的找到了星星，真的感受到了星空的灿烂。她发现生活一切都变了，变得使她每天都仿佛沐浴在春光之中，每天都仿佛置身于欢笑之间。回美国后，塞尔玛根据自己这一段真实的内心历程写了一本书，叫《快乐的城堡》，引起了很大的轰动。

塞尔玛在沙漠从军的生活经历前后简直判若两人：一个是无限的痛苦，一个是不尽的欢乐；一个是阴雨连绵，一个是阳光灿烂。沙漠没有

第二章 性格决定成败
——发掘潜能为你加分

变,铁皮房没有变,仙人掌阴影下华氏125度的高温没有变,印第安人、墨西哥人没有变,这一切都没有变,那变的是什么呢?

显然变的是她的内心,是她内心习惯性的思维方式。过去她习惯性地选择看泥土,选择事情的消极一面;后来她习惯性地选择找星星,选择事物的积极一面。其他什么也没有变,变的就那么一点点。但就这么一点小小变化,带来的结果却大相径庭:一个痛苦,一个快乐;一个失败,一个成功。

23 成败,就是一场意志的较量

在这个世界上,没有别的东西可以替代坚忍,教育不能替代,家势和父辈的遗产也不能替代,而命运则更不能替代。

秉性坚忍,是成大事、立大业者的特征。人要想获得巨大的事业成就,可以没有其他卓越条件的辅助,但绝不能没有坚忍这种性格。坚忍使得从事苦力者不厌恶劳动,终日劳碌者不觉得疲倦,生活困难者不会志气沮丧,也正是由于这些人具有坚忍的品质,从而使得他们认为工作着是快乐的,即使在苦难之中,也可以体验到生命的乐趣。与天斗,其乐无穷;与地斗,其乐亦无穷。

以坚忍为资本而终获成功的人,比以金钱为资本而获得成功的人要多得多。人类历史上全部成功者的故事都足以说明:坚忍是克服恐惧、克服困难的最好良方。

已过世的娜塔莎夫人说过:"美国人成功的秘诀,就在于敢于直面人生中的困难。他们在事业上竭尽全力,不考虑成败得失,在他们眼里过程重于结果,失败本身也是一种财富。因此,即使失败也会重整旗鼓,并立下比以前更坚忍的决心,努力奋斗直至成功。"

有些人遭受一次挫折,便把它看成拿破仑的滑铁卢之战,从此失去了勇气，一蹶不振。然而，在刚强坚毅者的眼里，却没有所谓的滑铁卢。那些立志要成功的人即使失败，也不以一时失败作为最后的定论，他们还会继续奋斗，在每次遭到失败后再重新站起，以比以前更大的决心向前努力，不达目的绝不罢休。

秉性坚忍的人，不论做什么都全力以赴，并且总是有着明确而必须达到的目标，因此在每次失败时，他们可以掸掉身上的灰继续前进，有的甚至可以笑容可掬地站起来，然后下更大的决心向前迈进。他们从不知道屈服，从不知道什么是"最后的失败"，在他们的词汇里面，找不到"不能"和"不可能"几个字，任何困难、阻碍都不能使他们畏惧，任何灾祸、不幸都不足以使他们灰心。

而那些没有坚忍勇敢品质的人，不能抓住机会，不敢冒险，他们一遇到困难，就会自动退缩，就会自动放弃。同样，他们一获得小小成就，便沾沾自喜，感到满足，这样的人是不可能成就大事的。因为他们对自己没有太高的要求，设定的目标也易于实现，缺乏挑战性。对成功的沾沾自喜，对困难的躲避、退缩，使得他们无缘体验到登上顶峰的快感。发明家在埋头研究的时候，是何等的艰苦，一旦成功，又是何等的愉悦。

世界上一切伟大事业，都在坚忍勇毅者的掌握之中。当别人努力的时候，他们也不放松努力；当别人开始放弃时，他们仍然坚定地去做。真正有着坚强毅力的人，做事时总是埋头苦干，直到成功。成功就该属于这样的人。

然而，有许多人做事有始无终，在开始时充满热忱，还能保持三分钟的热度和激情，但因缺乏坚忍与毅力，他们坚持不到最后，便由于困难、阻碍的出现而恐惧、退缩，直至放弃。任何事情往往都是开头容易而完成难，因而我们要估计一个人才能的高下，不能只看他手头的事情有多少，而要看他最终能完成多少，以及在做事过程中是否具备坚忍、善始善终的品质。例如在赛跑中，裁判并不计算选手在跑道上出发时怎样快,而是计算跑到终点时需要多少时间。

要考察一个人做事成功与否,关键要看他有无恒心,能否善始善终。持之以恒是人人应有的美德,也是完成工作的要素。现在,一些人和别人合作时,起先是共同努力,可是到了中途感到困难,多数人就停止了合作。只有少数人,能够不畏困难,坚持到最后。可是这少数人如果工作中再遇到阻力与障碍,而又没有坚强的毅力,势必也随着那放弃的大多数,归于失败。

所以从某种程度上可以这样说:成败,实际上就是一场意志的较量。

24 坚忍是解决一切困难的钥匙

拿破仑出身于穷困的科西嘉没落贵族家庭,他父亲送他进了一所贵族学校。他的同学个个都很富有,常常拿他的贫穷挖苦他。拿破仑非常愤怒,却一筹莫展。迫于威势,他忍受了5年。但是每一种嘲笑,每一种欺侮,每一种轻视,他都记着,都增加了他的决心,他要活出个样子来,要做给他们看看。

这当然不是一件容易的事,他也不会空口自夸,提前把大话放出来。他只是在心里暗暗计划,决定利用这些没有头脑却傲慢的人作为桥梁,从而使自己获得富有、名誉和地位。

16岁当少尉时,他又遭受了一个打击——父亲的去世。从那以后,他不得不从很少的薪金中,省出一部分来帮助母亲。他过早地体味了生活的压力和苦楚,因此,在他接受第一次军事征召时,他只好步行到遥远的发隆斯。到了部队,他的许多同伴都把多余的时间用于追女人或赌博。而他那不受人喜欢的体格使他没有资格得到以前的那个职位,同时,他的贫困也使他失掉了后来争取到的职位。体格和经济的因素使他无法占据优势。于是，他改变策略，埋头读书，以此作为去努力的对象和他们竞争。读书是和呼吸一样自由的，因为他可以不花钱在图书馆里借书读。读书也打开了思想的大门，让梦想驰骋，使他得到了很大的收获。

他并不读对他没有太多意义的书，也不把读书作为消遣烦闷的途径，一开始他就在为自己将来的理想做准备。他下定决心要让全天下的人知道自己的才华。因此，在选择图书时，他以这个目标作为选择的标准。虽然，他住在一个既小又闷的房间内，一方面贫困拮据的生活使他面无血色，另一方面，与外界的隔离又使他孤寂、沉闷，但是他却一直不停地努力。

通过几年的用功，他读书摘抄下来的笔记，经后人整理印刷出来的就有四百多页。他把自己想象成一个统率三军的总司令，将科西嘉岛的地图画出来，地图上清楚地标明哪些地方应当布置防范，并用数学的方法精确地计算推理。因此，他的数学才能在这个过程中提高了很多，这也是他第一次有机会表示他能做什么。

长官看见拿破仑的学问很好，便派他在操练场上执行一些工作，这是需要极复杂、极高超能力的。由于他做得很出色，他获得了新的机会，由此他开始走上了通往权势的道路。

一切也因之而改变。从前嘲笑他的那些人，现在都拥到他面前来，想分享一点儿他得到的奖励金；从前轻视他的那些人，现在都希望成为他的朋友；从前笑话他是一个矮小、无用、死用功的人，现在也都改为尊重他。他们都变成了他的拥戴者、他的忠实奴仆，随时愿意听从他的吩咐、他的差遣。

在此我们用不着评判朋友前后的态度反差，我们需要思考的是拿破仑如何转变的？如何走向成功的？是天才素质所造成的转变吗？抑或是因为他不停的工作而得到的成功呢？他确实很聪明，他也确实肯下工夫，不过还是有一种力量比知识或聪明来得更重要，那就是用坚忍的毅

第二章 性格决定成败
——发掘潜能为你加分

力直面眼前的困难。

生活中有那么一批聪明人,有那么一些踏实努力的人,但是他们却没能实现拿破仑那样的成就。为什么?那些人要么聪明,要么一味努力,而缺乏战术。二者兼备本身就很难得。纵使一些人达到了二者的结合,但是是否具有坚忍的意志还是一个更关键的问题,成败的最终决定因素在此。我们常说成败乃一步之遥,许多人没有成功,就是因为他没有再朝前走一步,没有坚持到最后,在黎明前的黑暗阶段放弃了努力,从而与成功失之交臂。如果你决心要战胜困难,那你一定就要心甘情愿地一直坚持下去,以达到你的目的。

坚忍可以使柔弱的女子养活全家;使穷苦的孩子努力奋斗,最终找到生活的出路;使一些残疾人,也能够靠着自己的辛劳,养活他们年老体弱的父母。除此之外,如山洞的开凿、桥梁的建筑、铁道的铺设,没有不是靠着坚忍而成功的。人类历史上伟大的功绩之一——美洲新大陆的发现,也要归功于开拓者的坚忍。科学界许许多多的发明创造也离不开科学家的坚忍和执著。正是基于这份百折不挠的坚忍和对理想、目标的执著,人类才有了发展,才有了进步。

推荐要点:

同是一件事,它有令人欢欣鼓舞的一面,也会有令人沮丧的一面。

我们必须重点吸收那些积极的信息,尽量删除那些消极的信息。

你想得到的东西在变为现实之前,你必须先在头脑里得到它们,你要学会做积极的想象。

我们不要做自己的奴隶,要摆脱心理阴影,并努力发掘自身潜能,这样你就能获得无坚不摧的信心和勇气。

成功的决策者,不仅仅意味着明确坚决做什么,同时也意味着明确坚决不做什么。

只有杰出的人物才能自我检讨，勇于认错。

性格与行业从宏观角度来讲联系并不密切，而性格与职业却有着根本性的联系。

只有在受极端环境的检验，浑身所有的智力、能力必须拿出来挽救当前危难的时候，一个人才能发挥他最大限度的力量。

你要先摘容易摘的果子。先摘容易摘的果子——先做容易做的事情，体现的是一种脚踏实地的工作精神。

性格特征中的积极性是指一个人的性格特征与社会文明和伦理进步的一致性及其对一个人精神活动的推动力。

有一种力量比知识或聪明来得更重要，那就是用坚忍的毅力直面眼前的困难。

第三章 优化性格，把握机遇
——优化性格为你加分

现代很多科学家认为，只要充分发挥自身的潜力，大部分人都有可能成为科学家和发明家。然而事实上，能够有所发现、有所发明、有所创造的人太少了。造成人们才能埋没有多方面的原因，而缺少优良的性格就是其中重要的一项。

25 好性格是锤炼出来的

性格的自我修养,是指自身为了培养良好的性格而进行的自觉的性格转化与行为控制的活动。自我修养是培养优良性格的必要途径,又是个人掌握自己、控制自己的必备能力。

同样是红砖和水泥,建筑师可以把它们建造成各种各样的东西:或许会建成宫殿,或许会筑成茅舍,或许会建成仓库,或许会建成别墅……这关键看建筑师们如何塑造。人的性格也是一样,同样在于自我的发现和创造。不经过一番努力,良好的性格也不会自发地形成。它需要经过不断自我审视、自我约束、自我节制的训练。正是在这种不断地努力下,才会使人感到振奋,令人心旷神怡,从而发现一个独特的自己。

每年的12月1日,纽约洛克菲勒中心前面的广场,都会举办一次为圣诞树点灯的仪式。

硕大的圣诞树堪称完美,据说它们都是从宾夕法尼亚州的千万棵巨大的杉树中挑选出来的。

一位画家深深地被圣诞树的完美吸引住了,他要带领自己所有的学生去写生。

"老师,你以为那巨大的圣诞树真的那么完美吗?"一个中年女学生神秘地笑道。

画家十分奇怪:"千挑万选,还能不完美吗?"

"多好的树都有缺陷,都会缺枝少叶,我丈夫在宾夕法尼亚当木工,是他用其他枝子补上去,才令这些圣诞树看上去如此完美的!"

画家恍然大悟:一切完美的事物都源自于修补。

一个人不管他多伟大、多出名,都不过是那棵需要不断修补的树……任何性格,都是在不断地修补中日臻完美;任何人,都是在不断地

第三章 优化性格，把握机遇
——优化性格为你加分

打磨中锤炼成才的。

自我修养在个人性格的发展过程中起着非常重要的作用。"玉不琢，不成器。"不论是伟人，还是庸人，每个人的优良性格都是在后天的实践过程中，不断进行自我修养的结果。

性格即命运，掌控命运需要主动，良好性格需要打磨。自然状态下的铁矿石几乎毫无用处，但是，假如把它放到熔炉中冶炼，进一步提纯，再进行锤炼和高温锻冶，放入一个流筒模型中，它就可以制成优良的器具。正是这种烈火焚烧、反复锤炼的过程，赋予了自然状态下的铁矿石以实用的价值。

任何人的一生都是自我完善的一生、自我塑造的一生。塑造性格的目的，就是要克服不良的性格，实现性格优化，从而找到最真实的自我。

性格的修养是一种完善自我的自觉行动。有无性格修养的自觉性，将决定能否在性格修养方面取得成效。性格修养的自觉性，首先来自于主体对性格缺点危害性的认识程度；其次，还取决于个体对自己严格要求的程度。成功的人，大多是从性格改造与完善中训练出来的。一个胸有大志的人，对自己才会有严格的要求，他的理想越崇高，为了实现这个理想而积极改造自我性格的决心就越大。

美国著名文学家、政治家、企业家富兰克林能用13项内容来锤炼自己，缘于一位以严格要求和博学多才而闻名的编辑——弗恩。富兰克林每次向他交稿时，弗恩总是一句话："如果你对某一个字的写法没把握，就查字典。"同时，他规定富兰克林每天写一篇文章交给他。假如哪天没有，弗恩就敲着桌子说："文章呢？"这样，在日积月累中，富兰克林的文章大有进步。

之后，弗恩去世了。富兰克林在整理弗恩遗稿时，看到了这样一段话："我不是你心目中的那个人。我并不懂写作。你让我教你，我尽量去做，其实多数时候是你自己打磨自己。"富兰克林终于明白：自己的写作才能，其实就是自己在一天一篇文章的积累中打磨出来的。

此后，富兰克林一直以敬畏的心情，按照弗恩的严格要求，不断磨砺自己，终于养成了良好的性格，也在写作方面取得了很大成就。

人生最重要的就是自己打磨自己。只有自己不断地磨砺自己，不停地在勤奋的熊熊炉火中锤炼，性格才会锋锐明亮，最终放射出夺目的光芒。

26 优化性格让你马到成功

性格，反映着一个人的胸襟、度量、意志、脾气与性情，影响着一个人的精神状态，决定着一个人的行为特征。

《东周列国志》第三十九回有如下一个故事：

楚成王拜子玉为令尹，掌握中军元帅之职，文武群臣都置酒相贺。酒至半酣，大夫蔿吕臣之子蔿贾求见曰："诸公以为可贺，愚以为可吊耳。"子玉怒曰："汝谓可吊，有何说？"贾曰："愚观子玉为人，勇于任事，而昧于决机。能进而不能退，可使佐斗，不可专任也。若以军政委之，必至偾事。谚云'太刚则折'，子玉之谓矣！举一人而败国，又何贺焉？"

后来，晋楚城濮之战中，子玉果然"性刚而躁"，导致兵败身亡。看来，蔿贾在事前就把性格作为识别和判断将才的标准之一，确属有识之士。

翻开史书，类似子玉这样，的确有才能，但因性格的缺陷而不能让才能充分发挥，而招致失败的事例数不胜数。战国时期，魏国名将庞涓，曾战功卓著，堪称将才。然而，他心胸狭窄，嫉贤妒能，最后为孙膑所败，落了个不光彩的结局。

在外国，也有不少关于性格作用的类似记载。古希腊哲学家不只是从直观感觉上，而且也从性格的角度发表了很多的人生哲理。如："人

第三章 优化性格，把握机遇
——优化性格为你加分

的良好性格，是他的保护神。"那些有一个很平衡的性格的人，过着有规律的生活。德国大诗人歌德，对拿破仑的性格推崇备至。他赞叹说："拿破仑真了不起，他一向爽朗，一向英明果断，每时每刻都精神饱满，只要他认为有利的和必要的事，他说做就做。他一生就像一个迈开大步的战神，从战役走向战役，从胜利走向胜利。"

歌德心目中的拿破仑过于高大，他把拿破仑神化了。不过，他敏锐地注意到了拿破仑性格上的特点对他的成功所起的作用。

性格之所以重要，是因为它和德、识、才、学等因素一样，都是构成一个人内在素质的重要组成部分。一般来讲，德，反映一个人的思想品质和道德风貌，决定着一个人的发展方向；识，反映着个人判断事物、分析事物的准确和深刻程度；才，反映着一个人在能力素质上的强弱程度；学，反映着一个人知识的广度和深度。

这几个方面的因素，共同组成一个人的内在素质。

无论任何人对自己行为的指导和支配，都是由整个内在素质共同起作用的，其中任何一方面的缺陷都会使整个内在素质遭到削弱。比如，有的军人"德"的条件很好，具有保卫国家的强烈责任感，但缺乏坚定、沉着、果断、谨慎等性格素质，因而不能成为好的军事指挥员；有的人智力很好，知识丰富，但是性格急躁，自制力弱，在冲动时常会做出明知是错误的事，而在事后又陷入深深的追悔之中；有些能力很强的人，只因性格怯懦、意志薄弱，结果往往屈服于困难和压力，做不到自己能力本来所能做到的事。在这些情形下，德、识、才、学等因素，就因性格缺陷的牵制而不能充分发挥作用，从而也就导致了整个内在素质水准的降低。

由此可见，要做一个杰出人物，要想在事业上有所作为，不仅需要德、识、才、学等方面的条件，同时需要有坚强和优良的性格。历史上，李世民的从谏如流，拿破仑的坚强果断，对于他们的事业成功，都起了不可忽视的推动作用。

27 把握时机，马上行动

比尔·盖茨说："想做的事情，立刻去做！当'立刻去做'从潜意识中浮现时，立即付诸行动。"

只有当你付诸行动后，才能得到你意想不到的成效。为了主宰自己的生活，我们要积极行动。其实，每个人都具备充分发挥自身潜能的必要工具、能力和条件。但是，想真正发挥出潜能，就一定要实实在在地做事情——目标明确且持之以恒地行动。

从小事开始，立即去做！养成习惯，当机会出现时，你就能立即行动。

乔根·裘大是哥本哈根大学的一名学生，有一次他到美国旅游，先到华盛顿，下榻在威勒饭店，住宿费已经预付。在他上衣的口袋里放着到芝加哥的机票，裤袋里的钱包放着护照与现金。就在他准备就寝的时候，突然发现钱包不翼而飞，他立刻下楼告诉旅馆的经理。

"我们会尽力去寻找。"经理说。

第二天，钱包仍然不见踪影。他一个人在他乡，手足无措。打电话向芝加哥的朋友求援？到丹麦使馆补办遗失的护照？苦坐在警察局等待消息？他脑子里闪过一个又一个念头。

忽然，他告诉自己："我要看看华盛顿，我或许没有机会再来，今天十分宝贵。毕竟，我还有今天晚上到芝加哥的机票，还有很长时间处理钱与护照的问题。假如我现在不畅游华盛顿，将来就没有机会了。我可以出去散步，目前是愉快的时刻，我还是我，与昨天丢掉钱包之前没有什么区别，来到美国我应快乐享受大都市的一天，不要把时间浪费在丢掉钱包的不愉快上。"

因此，他开始徒步旅游，去参观华盛顿纪念碑、白宫和博物馆。虽然很多想看的地方他没有看到，但所到之处，他都尽情畅游一番。

第三章 优化性格，把握机遇
—— 优化性格为你加分

回到丹麦之后，美国之行最令他难忘的就是徒步畅游华盛顿，那使他知道把握现在最重要。5 天之后，华盛顿警局找到了他的钱包和护照，寄还给他。

立即行动，可能实现你最大的梦想！

记住下面两种想法：

第一，施行时心理要平静。每天都可以听到有人说："如果我 10 年前就开始那笔生意，早就发财了！"或"我早料到了，我好后悔当时没有做！"一个好的创意如果胎死腹中，真的会叫人叹息不已，永远不能忘怀。如果真的坚决施行，当然也会带来无限的满足。

第二，要切实去执行你的创意，以便发挥它的价值。不管创意有多好，除非真正身体力行，否则永远没有收获。

记住，马上去做！

马上行动可以应用在人生的每一阶段，帮助你做自己应该做却不想做的事情。对不愉快的工作不再拖延。抓住稍纵即逝的宝贵时机，实现梦想。想要打电话给一个久未联络的朋友吗？马上行动！

不论你现在如何，用积极的心态去行动，你就能达到理想的境地。

28 善于抓住机遇

天上是不会掉馅饼的，一个时时等待机遇光临的人，是不会有任何收获的。只有你主动出击，寻找机遇，才能发现机遇、抓住机会。

上天对待每一个人都是很公平的，不会唯独对某个人不好或者对某个人好。可为什么总有人埋怨上天不眷顾他呢？道理很简单，就是当机会来临的时候，很多人总以为那不是自己的，犹豫了，退缩了，结果失之交臂，一辈子都平平淡淡，没有什么惊心动魄。

有一位女孩，父母给予她很大的帮助和支持，她完全有机会实现自己的理想。她从念小学时就一直梦寐以求地想当电视节目主持人。她觉得自己具有这方面的才干，她知道怎样从人家嘴里"掏出心里话"，她的朋友们称她为"亲密的随身精神医生"。她自己常说："只要给我一次上电视的机会，我一定能成功。"目标是有了，可她却没有为达到这个理想而努力，一直在等待奇迹出现。她不切实际地期待着，结果什么奇迹也没有出现。谁也不会请一个毫无经验的人去担任电视节目主持人，节目的主管也不会跑到外面去搜寻人才。

每个人都渴望成功，但成功并不属于每一个人。有些没有成功的人常常会说我没有成功的机会啊，他们认为自己很有能力却生不逢时，找不到适合发挥自己能力的空间。成功人士善于勇敢地给自己创造机遇，而那些以无比热情看待自己的工作和事业的人，总能发掘无穷的机会。

瑞士著名化学家桑拜恩，对于化学实验十分热衷。在当时的化学界，火药棉的研究仍属空白领域。桑拜恩准备突破这个难题。因为这个试验有一定的危险性，他的妻子非常反对他研究这个项目，但是桑拜恩决心要把这个试验做成功。他趁着妻子出去的时候，偷偷在厨房里做试验。一次，桑拜恩在厨房做试验，当他正在炉子上加热硫酸和硝酸混合液的时候，听到妻子在外面开门的声音。他心想："这下可坏了。"赶紧把试验器皿收起来。慌乱之中，一只装硫酸的玻璃坩埚被打破了，里面的酸液当时就流淌出来。为了不让妻子发现他在做试验，他顺手拿起妻子的棉布围裙，把流到地板上的酸液擦干净。然后，他用水洗了围裙，挂在炉子上烘干。过了一会儿，就听到"噗"的一声，围裙着火了，他还没有来得及将火扑灭，围裙就烧了个一干二净，但是却没有一丝烟雾。桑拜恩为此大受启发，试验很快就成功了。

从表面看上去，桑拜恩的成功纯属偶然，但在他成功的背后存在着一些必然性。局外人看待成功者的时候，总是认为他们已经具备成功的各种条件，而成功者本人的实际情况却并不如此。假如桑拜恩等待有了试验室后再去做试验，那么，他就不会因为妻子的归来而把试验做成功。桑拜恩的成功不是偶然的，而是桑拜恩自己创造出来的。

有时，当人们陷入困境的时候只会呼天抢地，期望着生命中的贵人会突然出现在面前，牵引着他向前走。可是，如果自己都不愿意主动积极地面对生命中那些不可避免的困境，就算有人伸出手帮忙，也一样脱离不了困顿的日子。

所以，永远别说这个世界没有给我们机会，要学会去争取机会。

29 保持自己优秀的个性

"笑对人生"是我们每个人的追求和渴望。在纷繁芜杂的人生苦旅中，挫折、失败、沉沦也同样是路边的风景。快乐的人可以一笑置之，忧伤的人却难脱重负。快乐，其实是一种选择。因为快乐的遥控器始终掌握在你自己的手中。生活开心与否，就看你是否将性格的视窗对准快乐的频道。

一个人是否快乐，不在于拥有什么，而在于如何看待自己所拥有的东西。拥有快乐的性格，你就会将复杂的生活调制成一杯鸡尾酒，让自己的生命拥有独特而奇妙的味道。保持自己优秀的个性，让自己在求索中前进。生命是一种追求，生命因追求而华美，也因此而更加沉重、潮湿、寒冷。这时，我们需要为自己增添一分快乐。

十全十美既不是自然界的规律，也不是人生的标准。月有阴晴圆缺，人有悲欢离合，春夏秋冬四时运转不息，不会为任何一个美好的时刻而停留。人生也难求绝对的圆满，际遇有时顺有时逆，财富来时有如巨浪涌到，去时又如退潮的海滩，爱情、婚姻、事业既难样样美好，更难时时顺心。

生活在这样坎坷的命运里，难怪有很多人要怨天尤人，落入愤懑不平的行列中，对自己所拥有的一切诸多挑剔，整天笼罩在不快乐的阴影之下。

只有喜欢自己的人才知道，快乐的秘密不在于获得更多，而在于珍惜既有。能深刻盘点自己所拥有的幸福，就会明白，其实人人都拥有值得珍视而别人所没有的宝物。

快乐要自己找，它不会从天上自动掉下来。生活中有很多让人快乐的事物，你都可以去发掘：看一本好书，看一部浪漫的电影，和朋友分享新的思想，参加有意义的社团，抽空去度假。这些快乐的途径，所费不多，却需要你运用智慧去享受。

对你很重要的事，即使他人不合作，你也要坚持到底。轻易妥协、随便放弃理想的人，或许表面看来处处都很和气，可是这种丝毫没有个性的人，往往不能得到人们由衷的佩服与喜爱。自认为值得争取的事，一定要全力以赴，这样才能肯定自我的价值，进而喜欢自己的所作所为。

你有你自己的人生原则，无需模仿他人，也不必要委屈自己。鞋合不合适，只有自己知道。因此，你的人生也只有遵循你独特的原则，才会活得快乐、活得好看。

你无需换上漂亮的衣服，做出讨人欢心的姿态，说些迎合他人的言语，只要你静下心来，在任何环境下都能保持自己优秀的个性，相信总有一天你会获得生活馈赠的丰厚回报！

30 优化性格，才能发挥潜能

优化性格，注重性格修养，是保证我们智力、才能得以充分发挥的必不可少的条件。假如忽视性格修养，让许多不良习惯支配着自己，即使有较高的智力和才能，也会被不良习惯所压抑而发挥不出来。在日常生活中，在我们的周围，因性格不良而导致才能被压抑的人和事相当普遍。

成功者并不一定具有超常的智能，命运之神也不会给予谁特殊的照顾。相反，几乎所有成功的人都经历过坎坷、多难的命运。著名的心理学家贝弗里奇说得好："人们最出色的成绩是在处于逆境的情况下做出

第三章 优化性格，把握机遇
——优化性格为你加分

的。思想上的压力，甚至肉体上的痛苦都可能成为精神上的兴奋剂。很多杰出的伟人都曾遭受过心理上的打击及形形色色的困难。"他同时还指出："忍受压力而不气馁，勇于知难而进，是最终获得成功的重要因素。"

近年来，日本京都大学一个叫田口英子的研究者，曾对有创造能力的科学家的性格特征专门进行过一次征询调查，被她列入调查对象的共有288人，其中个人持有30个以上专利和受到过国家表彰的科学家、发明家有110人，从事电气实验研究而获有特殊成绩和贡献的研究员有50人。征询结果显示，这些人都具有不同常人的性格特征：

儿童时代就具有顽强追求知识的欲望，他们幼年时往往对难以想象的新奇东西看得入了迷，不管要挨多么严厉的训斥，受好奇心的驱使，也总想去试试。

具有鲜明的自立、自主的独立倾向和独创性格，凡事有主见，不以别人指示的方法作为自己工作的准则。

有雄心，肯努力，不甘虚度一生，想为世间留下一点卓著的业绩。

充满自信，敢于坚持自己的意见，同时和他人展开热烈的争论，而且争论中常常有居于支配地位的倾向。

具有恒心、韧劲和能力的持续性，他们都能长期从事极为艰苦的工作，甚至在他人看来希望渺茫的情况下，仍然坚持到底。

没有雄心和抱负，甘愿随波逐流，追求现实的安乐和享受，是压抑智力、才能的性格特征之一。很多青年未能成才，往往并不是不能干，而是不想干。有些人有见识、有才华，本来很有成才的希望，可就是不想争取。他们思想懒惰，追求舒适，宁愿在安闲中过日子，也不愿做长期的艰苦努力。这样，他们的智力、才能就被懒惰这把锈锁锁住了，天赋再高、智力再好，也因得不到充分发掘而被白白地浪费掉。

严重的自卑感，是压抑智力、才能的性格特征之二。有的人本来在某些方面很有发展潜力，但由于不相信自己，认识不到自己的才能潜力，即使露出了具有真知灼见的思想萌芽，也由于自我怀疑而遭到自我否定。

对别人的意见依赖和顺从，易受暗示，容易接受现成的结论，是压抑智力、才能的性格特征之三。有的人天赋智力素质不错，假如把自己的思想机器充分开动起来，独立思考，可以提出很多独到的发现和见解，但由于性格易受暗示，容易顺从，有了现成的观点和结论就全盘接受，不愿再去动脑筋想，当然也就提不出什么独到的发现和见解了。

缺乏毅力、意志薄弱，也是压抑智力、才能的一种不良性格特征。有的人在从事某项研究之初，曾表现出很大的热情，但若遇到十几次、几十次的挫折和失败便会心灰意懒，"收兵回朝"，不想再干了，结果也造成了自己智慧和才能的埋没。

其他如兴趣容易转移，注意力不能长久地集中于一个目标；虚荣心强，目光短浅，总想在细小事情上胜过他人而忽视对事业的追求等，也都是压抑智力和才能的不良性格特征。显然，不认真地进行性格修养，不克服上述妨碍聪明才智充分发挥的不良性格，就会增加成才的阻力和困难，使自己难以成为出色的人才。

31 变被动为主动

世上聪明人比比皆是，而成功者却很少。这是为什么呢？其原因在于，许多聪明人在有了一定的成功条件时，仍在苛求捷径，从而错失良机；而成功者却从不等待时机，总是主动去创造机会。主动与被动只是一念之差，结局却凸显出二者的天壤之别。

我们往往会看到这样一些人，他们总是对自己所处的环境不满意，由此而产生了一系列消极情绪。比如，一个学生没有考上理想的学校，心里觉得很自卑，天天想着自己比不上他人。因此，烦得要命，书也念不下去。这样一天天心不在焉地混，成绩越来越坏，几乎要辍学了，再加上心里紧张，使他更加懊恼不安。

第三章　优化性格，把握机遇
——优化性格为你加分

同样，也有人对自己目前的工作不满意，认为职位低，赚钱少，比不上他人。这种人心里又是自卑，又是消沉，整天懒洋洋的，做什么都打不起精神来。因此，工作经常出错，上司也不喜欢他，同事也觉得他没出息。这样，他就越来越孤独，越来越远离快乐和成功。

为什么会这样呢？心理专家认为，不是因为别的，归根到底是由于他没有经历过足够多的失败。对于一个具有成功性格的人来讲，没有平坦的大道可走，只有敢于面对现实，不怕失败的灭顶之灾，才可以达到成功的彼岸，才能把被动变为主动。

但是，要想变被动为主动，就必须学会扬长避短，发挥自身的优势。著名的物理学家杨振宁博士初到美国留学时，决心主攻实验物理学。之后，在导师的启发下和自己的研究过程中，他逐渐领悟到美国同行在实验能力上远远优于自己，而在抽象思维能力方面则明显逊于自己。因此，他就积极主动地调整原定的主攻方向，由主攻实验物理学转到主攻理论物理学，结果取得了显著的学术成就。数年之后，他同李政道博士一起提出了宇宙不守恒定律，并荣获学术史上至高无上的荣誉——诺贝尔奖。像杨振宁博士这样，善于发现自身的优势，及时改变自己的奋斗目标，并积极地调节自己的行为趋向，这就是主动性性格意志特征的体现。

主动性强的人，经常会主动地想办法解决事业、生活中遇到的难题，即使失败也不灰心丧气，这样的人很容易取得事业上的成功。与主动性相反的是被动性。具有被动性性格的人在生活和工作中，常常不是依据变化了的情况，积极主动地调节自己的行为，而是固守己见，表现很任性。他们放任自己的性子，不自觉约束自己的行为，不能控制自己的欲望，因而在变化的情境中显得十分被动。

人的一生是成功与失败交织的一生，每个人都在严酷的生存竞争中苦苦挣扎，就像千军万马过独木桥，稍有不慎就可能被淘汰出局。因此，只有主动出击，该出手时就出手，才能立于不败之地！

32 培养健全的性格

　　培养健全的性格，做一个身心健康的人，是人们发展自身、完善自身的美好愿望和追求。只有心理健康了，一个人才能称得上身体健康，才能少生病或不生病。只有做到心理健康，一个人才能泰然面对复杂、纷繁的世界，才能从容参与、适应现代快节奏的社会生活，获得人生的成功。

　　人怎样才算心理健康呢？从美国心理学家罗杰斯提出的"未来新人类"的阐述中我们可以找到一些答案，"未来新人类"具备如下优秀的性格特征：

　　具有开放、开朗的人生态度。对世界（个人内在、外在世界）、对自身的经验开放、开朗，不固执己见、呆板、冷漠、闭锁，有崭新的视野和生活观，有崭新的观念、思想与鉴赏力。在日常生活中，可以重复敬畏、快乐、满足、惊讶的神秘玄妙的心理体验，可以感受浩瀚澎湃的心潮波澜，从而领悟人生世界的无尽。在生命中不断寻求生命本身的意义，超越小我。

　　活力自信，淡泊名利。这种生活态度并不重视物质享受，而重视生命的过程。清楚地觉察人生是一个经常变化的过程，深知变化过程中存在困难和冒险，但却充满活力。面对生活中很多的不确定，不会惊惶失措，并能容忍新奇和不熟悉事物所带来的疑虑，认为失败和挫折是生命的一部分，具有勇敢及遭受失败时的复原力，具有人生的自信。不在乎物质享受与报酬，金钱、名利与地位等都不是人生目的。尽管也懂得享受丰裕悠然的生活，但却不把这些作为生活的必需品。对现实有较强的洞察力并与现实有较良好的关系，对周围环境中的人和事物都有敏锐的警觉。

　　渴望人生能达到宁静致远的境界，平衡与进退有度。视生活是均

第三章 优化性格，把握机遇
——优化性格为你加分

衡，在任何事情上很少是过度的。与宇宙大地融合一体，与大自然和谐共处，备感亲切。关注生态并照顾生态，能从大自然的动力中获得欢愉，但无意征服大自然。反对将科技用来片面征服自然世界、控制人类，而且很愿意支持科技促进人的发展。

渴求人和人之间真实可靠的亲密关系，能与别人建立深厚的人际关系，有吸引力，能让人欣赏及追随，有选择地交朋友。

渴望成为整合的人，不喜欢支离分割的内心世界。努力争取过一个整合的人生。自身的思维、感受、身心、心灵等在个人的经历中，都能有良好的整合。

能够认识与接纳自己人性中的各种缺点、不完美、软弱与短处，不会因存在不足而感到羞愧难过，或因此而否定自己。不但接纳自己，同时也接纳与尊重别人，故而也不会批评他人这些缺点。诚实、开放、真挚，不装腔作势，不遮掩文饰，也不自满。对自己、他人及社会的现况很留心，同时更关心怎样改善现实与理想之间的差距。具有一定的自发性，不受传统惯例的束缚，不是顺命者，不是盲从附和的人，但也不会仅为叛逆而做叛逆者。其行动机不是因外界的刺激而产生，而是基于内在个人成长发展的动力与自我潜能的实现。

以问题为中心。犀利健康的人都不会以自我为中心，而将目光都集中在自己以外的问题上。更富有使命感，往往基于尽责任、尽义务和尽本能的意识行事，并不依照个人的偏好为人处世。

有超然脱俗的本质、静居独处的需要。心理健康的人懂得享受人生中孤独和退隐的时刻，这一特征可能和一个人的安全感与自足感有关。当面对一些会令一般人不快的事情时，可以保持冷静，处变不惊，甚至可以表现得与众不同和超脱社群。

有自制力。不受文化背景与周围环境影响，虽然也依赖别人来满足一些基本的需要，如爱护与安全感、尊重与归属感，但其主要满足却并不依赖这个现实的世界，其重视的不是一般外在的满足，而是自己潜能与个人资源不断得以发展和成长。心理健康的人们都有高度的德行,他们将手段和目的分得很明确,让目的来支配手段。

具有民主的性格。心理健康的人对他人极为尊重,并不会因阶级、教育、种族或肤色歧视别人。因为其清楚自己的认识很有限,因而有谦虚的态度,随时准备向他人学习,尊重每一个人,认为他们都可随时帮助自己增进知识、做自己的老师。

具有哲理的、无敌意的幽默感。其幽默感并不是普通的幽默感,而是自发的、富含思想性的、能透彻地显示个人生活体验的幽默感。这种幽默不含敌意,不高抬自己,也不讥讽嘲弄别人。

有创造力。这是一种蕴藏在任何一个人内心潜在的创造力,不是指那些出自特殊才干的创造力,是一种新鲜的、天真的、直接的看待事物的方法,具有各种不同的类型。但通常来说,人所具有的这种创造力一般都在文化的熏陶过程中被摧毁与淹没。

33 卓越的行动力

成功是行动的果实,它揽住了生命的缰绳,它带来了幸福与快乐,它把荒漠变成了绿洲,它创造了丰饶的价值。

在现实生活中,并不是处处都有青山绿水。面对荒山,有的人只会抱怨它,不会用行动去改造它。我们的目的不仅仅是要成为天使,更重要的是用行动创造价值。

在一次求职应聘的考试中,总经理指着办公室内两个并排放置的高大铁柜,为应聘者出了考题——自行设计一个最佳方案,要求不搬动外边的铁柜,不借助外援,把里面那个铁柜搬出办公室。

望着每个起码能有50多公斤重的铁柜,9位精于广告设计的应聘者面面相觑,不知总经理缘何出此怪题,有人还上前推推外面那个纹丝

第三章 优化性格,把握机遇
—— 优化性格为你加分

不动的铁柜。再看总经理那一脸的认真,又都仔细地打量了一番那并排的两个铁柜,毫无疑问,他们感觉到这是一道非常棘手的难题。

两个小时后,9位应聘者交上了自己绞尽脑汁设计的方案,有的利用了杠杆原理,有的利用了滑轮技术,还有的提出了分割设想……但总经理似乎很不在意这些设计方案,信手一翻,便弃置一边。

这时,第十位应聘者两手空空地进来了,她是一个看似很柔弱的女孩。她径直走到铁柜前,轻轻地一拽柜门上的拉手,那个铁柜竟被拽了出来——原来里面的那个柜子是用一种叫超轻化工材料做的,只是外面喷了一层与其他铁柜一模一样的漆,其重量轻得很,她很轻松地就将其搬出了办公室。

此刻,总经理终于露出了难得的微笑,说道:"这位小姐设计的方案才是最佳的,她懂得再好的设计,最后都要落实到行动。"

任何诚实的劳动都是崇高与神圣的。不管我们的衣服多么脏,不管我们的双手变得多么粗糙,行动足以改变这一切。

每一个人来到这个世界,都有着神圣的使命,这种使命不仅仅为谋生,最重要的是完成所承担的必要职责,发挥自己的才能和力量,产生有益的、正面的影响,这就是价值。

优化自己的性格是无数成功者都历经的过程。反过来说,一个人假如一味地迁就自己的不良习惯,终究难以在成功的道路上阔步前行。前人的经验告诉我们,性格不可以改变,但是应该优化。

立即行动起来吧!

34 善待自己,珍惜生命

人在遇到困难、失败与挫折的时候,最希望得到他人的帮助、鼓励与支持。但是,俗话说:"劝皮劝不了心。"外力还要靠自身去内化,这样才能从根本上解决问题。

在生活中，每个人都会遇到挫折。强烈的挫折或重大的打击会引起人过度惊恐或忧愁，焦虑、失望、暴怒等都能给生命带来严重威胁。悲伤、气愤、惊吓过于突然或严重，往往会使人受到刺激，忧郁成疾甚至活活气死。

恶劣的心理状态和强烈的不良情绪，对人的大脑皮层会产生有害的刺激，会改变大脑对人体心脏的控制，甚至损害心肌功能、扰乱心律，从而危及生命。

医学专家的研究结果还表明，绝望者的死亡率是一般人的5倍。在心脏病或其他疾病患者中，即使是中等程度的绝望也会增加死亡的可能性。

近年来，越来越多的人死于癌症，由此，人们几乎到了谈癌色变的地步。但是，医生却告诉人们：真正是因癌症死亡的人不足1/3，其余2/3的人都是被癌症吓死的。有许多人一听说自己患了癌症，就感到自己必死无疑了，由此，他们拒绝医生的治疗。即使勉强接受治疗，内心深处也早已放弃了生存的希望。殊不知，放弃了生存的希望就等于放弃了生命。

心理学家说，人受挫折后假如陷入负面情绪而不能自拔就等于自杀。因此，当人们遭受挫折后为某种不公平而愤愤不平的时候，你不妨问问自己："我还能活多久？"根据这样的思路想下去，就会备加珍惜自身的生命。人的生命仅有一次，不会再有第二次。一个人有了生命的危机感之后，才会成熟、聪明起来，才会活得充实而有意义。每当问起自己"我还能活多久"的时候，心里就会忽然变得十分明亮——没有芥蒂，不再计较，也不再为名利所惑，而只想紧紧抓住这有限的生命，做点自己愿意做的有价值的事情，不至于等撒手西归的时候，愧对父母与亲友，愧对国家对自己的培养……当一个人因受到不公平待遇而产生极强的挫折感，进而得了一场大病的时候，住院期间，人通常会大彻大

第三章 优化性格，把握机遇
——优化性格为你加分

悟，觉得自己太傻了、太可笑了。

计较那些什么名、利，又能起到什么作用呢？是自己的命重要还是名利更重要呢？不计较名利，哪怕受到多么不公平的待遇，都能在一阵痛苦后，泰然处之。有大部分人舍本逐末，并不懂得生命的宝贵，为求得一官半职而卧薪尝胆，或为小名小利而把自己搞得头破血流，目的达不到便幽怨、苦恼、痛不欲生，糟蹋自己而不知。

人们似乎都有一个共同的弱点：对自身拥有的东西并不珍惜，一旦失去后，才会估量出它真正的价值。英国当代闻名作家尼克·霍恩比曾有一篇很著名的长篇小说名叫《自杀俱乐部》，该俱乐部是专门为准备自杀的人而服务的。它让你在死前享受到所有的人间乐趣。由此，一对想自杀的青年男女在这期间相遇后相爱了，当他们认识到自身的想法很愚蠢而准备继续活下去时，毒气已攻心了，他们除了死已经别无选择了。

在面临死亡的时候，人生的一切真谛都会向你涌来，但残酷的是，当你大彻大悟的时候，却为时已晚。因此，在生活中要时时刻刻想着珍惜自己的生命。这样想了，就会自觉地超越痛苦。

欢乐是一种极高的人生境界，一个人要保持一种永恒的欢乐并不是一时的高兴，那将是一种乐观向上、积极进取、淡泊名利的人生态度。经历了无数苦难都没有被苦难伤害的人，才能真正体会苦尽甘来的滋味，永远不要忘记你是生命的主人。

35 常洗脚不如常"洗脑"

很多人感叹时代变化得太快了！以前不识字叫文盲，现在不会电脑、不懂英语叫文盲。社会的发展要求每一个人都要不停地进步，对许多人来说，要想不被淘汰，就必须常给自己"洗洗脑"。

老张是一家水泥厂的车间主任，44岁。从毕业时起他就在这家工厂上班，到现在已经有二十多年了。最近一段时间老张心情不好，他觉得很委屈。前些日子，主管生产的副厂长汪某被调走了，厂里决定从基层提拔一位副厂长。老张很高兴，心想这一回论资历、论经验都该轮到他了吧！没想到通知下来了，副厂长人选竟然是年仅29岁的小陈！老张不服气，怒气冲冲地去找厂领导，领导却心平气和地对他说："老张啊！论经验小陈是不如你多，可咱们厂现在的生产线老化，马上就要换新的了，那都是高精尖的设备呀！小陈专门进修了3个月，能管理好，你能吗？再说厂里也不是没考虑过你，当时是想让你进修去的，可你一口回绝了，还记得吗？"老张目瞪口呆，痛悔不已，然而已经太晚了！

还有很多人也都有过与老张相同的经历，总以为只要掌握了一门技术，就可以一世吃喝不愁，但他们忽略了社会是不断发展变化的，技术的更新速度更是快得惊人，如果你不常给自己"洗脑"，那么你很快就会尝到掉队的滋味。

此外，学习要讲究方法。完善自己，多掌握一些知识是必要的，但你也必须考虑好完成学业后如何重返社会，怎样寻找自己的位置。否则一不小心就会出现"不洗脑是等死，洗了脑是找死"的局面。

有不少人为了重新学习而破釜沉舟，辞掉了工作重返校园，但当他们完成学业后，却陷入了好工作难寻的困境里。

石先生主动放弃了比较优越的职务和待遇，重回校园深造。两年后，当他拿到毕业证书找工作时却犯了难。他投递了上百份求职简历，并参加了不少次的人才交流会，却没有一份理想的工作。在不得已的情况下，他降低了自己的要求，但还是未能如愿。这位先生感到困惑不解——自己通过学习更新了知识，提高了竞争能力，况且并没有要求原来的职务和待遇，怎么会被排挤掉了呢？

还有一位鲁先生，原来是一位杂志社的编辑，两年前进入一个高等学府学习。等他学完回来一看，第一个感觉就是"变化太大、太快了"。经过辛苦奔波，在"退而求其次"原则下，这位鲁先生总算找到

第三章 优化性格，把握机遇
——优化性格为你加分

了一个还比较满意的单位——到了一家电视台工作。他不明白，什么时候冒出了这么一大批又有能力又不计较报酬的年轻人！谈到自己的这一段经历，他深有感触地说，虽然以后我还会寻找机会去"充电"，但不能轻易辞去工作。

另外有一些人采用的是自修的方式，这种方式时间灵活随意，但缺点是要求你付出一份额外的精力。而且不专无法成才，过专则影响工作。

杨女士是一家超市的后勤主管，由于工作的需要，她开始学起了电脑。杨女士十分刻苦，她买了很多电脑教材，利用后勤部的电脑有空就练习。刚开始的时候，经理还表扬了她两次，可是时间长了，经理就颇有微词。一次后勤部出了一点小问题，经理就在总结会上借题发挥，指责杨女士精力不集中，不够敬业。杨女士是满腹委屈：自己学电脑，还不是为了把工作做得更好，怎么一番辛苦倒换来了指责呢？

杨女士错就错在忽略了自己的职责。老板请她来是工作的，不是来学习的。你要"充电"、要"洗脑"，老板都欢迎，但别忘了这也是为了你个人发展而做的，是你的私事。长期在老板眼皮子底下搞"副业"，老板不恼才怪！

对于上班族来说，在职培训可能是最理想的。为了自己将来的发展，利用所在单位提供或自己寻找的机会"洗脑"，就能使自己处于较为主动的地位。因为这样做你既可以掌握新本领，为自己晋升或另谋他职做准备，又不影响自己的收入和家庭的经济情况。

俗话说，活到老，学到老。人是社会动物，总要随着社会的发展而发展。只有不断地学习才能不断地进步！

推荐要点：

性格的自我修养，是指自身为了培养良好的性格而进行的自觉的性格转化与行为控制的活动。

德，反映一个人的思想品质和道德风貌，决定着一个人的发展方向；识，反映着一个人判断事物、分析事物的准确和深刻程度；才，反映着一个人在能力素质上的强弱程度；学，反映着一个人知识的广度和深度。

要做一个杰出人物，要想在事业上有所作为，不仅需要德、识、才、学等方面的条件，同时需要有坚强和优良的性格。

想真正发挥出潜能，就一定要实实在在地做事情——目标明确且持之以恒地行动。

成功人士善于勇敢地给自己创造机遇，而那些以无比热情看待自己工作和事业的人，总能发掘无穷的机会。

一个人是否快乐，不在于拥有什么，而在于如何看待自己所拥有的东西。

心理健康的人懂得享受人生中孤独和退隐的时刻，这一特征可能和一个人的安全感与自足感有关。

自发的、富含思想性的、能透彻地显示个人生活体验的幽默感。这种幽默不含敌意、不高抬自己，也不讥讽嘲弄别人。

有创造力。这是一种蕴藏在任何一个人内心潜在的创造力，不是指那些出自特殊才干的创造力，是一种新鲜的、天真的、直接的看待事物的方法。

每一个人来到这个世界，都有着神圣的使命，这种使命不仅仅为谋生，最重要的是完成所承担的必要职责，发挥自己的才能和力量，产生有益的、正面的影响，这就是价值。

人的生命仅有一次，一个人有了生命的危机感之后，才会成熟、聪明起来，才会活得充实而有意义。

第四章 让性格主导你的职业生涯
——选对职业为你加分

职业心理学研究表明,性格影响着一个人对职业的适应性。不同的性格适合从事不同的职业,同时,不同职业对人的性格也有着不同要求。因此,我们在考虑或选择职业时,不仅要考虑自己的职业兴趣和职业能力,还要考虑自己的职业性格特点,考虑职业对人的性格要求,考虑性格对职业的影响,从而根据自己的性格特点选择自己最易适应的职业。

36 做自己的经纪人

　　缓慢氧化和燃烧都属于氧化反应，燃烧是将自己的热情一下全释放出来，表现自己的亮度。如果不能一下子点燃，那就会像缓慢氧化一样，慢慢地消失殆尽，而且是悄无声息的。生命亦如是。如果你想让人看见自己的亮度，那么就燃烧自己吧，不然只会默默无闻地过一生。

　　"表现自己"历来受到人们的反感，名声不佳，在人们心目当中，它与"名利思想"、"出风头"、"往上爬"等东西是紧密联系的，因而使得一些人不敢表现自己，一谈到表现自己就余悸在心，深怕受到什么不好的评价。为什么人们会这样害怕表现自己呢？这是有着深刻的历史原因的。在传统文化里，人们受到的教育就是要中庸，因而自古便有"行高于众，人心非之"的传统。一个工作平庸、碌碌无为的人，日子可以过得很安逸，因为人缘好，说不定还会有人出来为之评功摆好。而一个勇于开拓、有所作为的人，却往往受人嫉妒，受到闲言碎语的攻击。

　　然而事实上，在生活中每个人都在通过言论、行动表现自己，绝对不表现自己的人是没有的，只不过是程度的差异而已。只有通过表现自己，才能显示一个人的才能和价值。人的聪明才智，也只有在表现自己的过程中，才能得到实现，否则只能是怀才不遇，终老一生。试想千里马遇到伯乐，若不以洪亮的声音长鸣两声，也许就不会引起伯乐的注意；毛遂若不自荐，不在实践中用自己的唇枪舌剑来展示自己的才华，又怎能建立功勋、青史留名、受到后人的敬仰？人们常说技术是促进社会发展的动力，但如果科学技术工作者都不敢表现自己的才华，有了发明创造也不公之于世，那我们至今恐怕还停留在茹毛饮血、刀耕火种的时代……

　　"世有伯乐，然后有千里马"，一匹千里马如果能遇到伯乐那是十分幸运的。但是生活中，"千里马常有，而伯乐不常有"，这就要求我

第四章 让性格主导你的职业生涯
——选对职业为你加分

们应该善于表现自己，勇于表现自己。走进历史的长廊，我们可以看到战国时期的毛遂，三国时的黄忠，还有许许多多的人，这些人无不怀有远大抱负，但更让我们佩服的是他们勇于自荐，他们充分相信自己的能力。由于自荐，他们才没有被埋没。

当今社会，敢于表现、善于表现是自身发展的必备条件，现在有些人不理解那些勇于自荐、善于表现的人，说那是"出风头"和"目中无人"的表现。其实这是一种错误的想法，"表现自己"，实际上就是将自己的优点和长处充分展示出来，以便得到大家的认可，同时，也在展示过程中，听取大家的客观评价，进一步扬长补短，不断地完善自己。可见，这是一种积极上进的心态和表现。高考中的"状元"，辩论场上的高手，文体比赛中的冠军，之所以能从芸芸众生中脱颖而出，能正确地表现自己是他们共同的基本素质。

囿于我们的老祖宗一向崇尚"敏于行而讷于言"，崇尚谦虚内敛的处事方式，"酒香不怕巷子深"便也常为人所津津乐道。然而时代不同了，当今的社会已经发生了翻天覆地的变化，以前的那种处事方式在这个时代已经行不通了。优秀的人才比比皆是，一个人要想在众多人才中脱颖而出，必须有自己的特点，必须善于挖掘自己的优势，并将之宣传出去，让每个人（包括你的领导）都知道。

表现自己有很多种方法，但不管你是按部就班地"炒"，还是别出心裁地"炒"，目的都只有一个——让自己得到关注。所以，每个人都要善于发现并利用自身的优势和特点，选择适当的时机将自己推销出去。而且，职场中可没有经纪人，那就自己当自己的经纪人吧。

37 不同性格的职业定位

性格与职业成败有着密切的关系。理解、认清自己的性格偏好，找出自身的优点、缺点，并且学会在工作中扬长避短，才能使自己在职业竞争中表现卓越。

在现今的职场中，很多企业在招聘新人时，都把性格测试放在首位，因为性格在某种程度上比能力更重要。如果一个人能力不足，可通过培训提高；但如果一个人的性格与职业不匹配，那就很难做好本职工作。

由于性格与职业的选择发生错位而导致职业的失败，已渐渐成为职场人士所面临的愈来愈严峻的问题。因此，在进职场前，首先要认清你自己，根据你自身的性格选择属于自己的职业。

美国麻省理工学院人才教授认为，根据职业定位，人可以分为以下五种职业性格类型：

创造型。这类人有强烈的欲望创造完全属于自己的东西，包括以自己名字命名的产品、工艺，或是自己的公司，或是能反映个人成就的私人财产。他们认为，只有这些实实在在的物质才能体现自己的才干。

管理型。此类人有强烈的管理愿望，假若经验也告诉他们自己有管理和领导能力，那么他们往往将职业目标定为有相当大职责的管理岗位。此类人一般具有三方面的能力：一是沟通能力，影响、监督、领导、应对与控制各级人员的能力；二是判断能力，在信息不充分或情况不确定时，判断、分析、解决问题的能力；三是自控能力，在面对危急情况时，不慌张、不沮丧、不气馁，能够很好地控制自己的情绪，有能力承担重大的责任的能力。

技术型。以此为职业定位的人，由于自身性格决定或出于爱好考虑，往往并不喜欢从事管理工作，而是愿意在自己所处的专业技术领域发展。我国过去并不培养专业经理人，而是经常将技术出众的科技人才提到领导岗位，但是，他们本人往往并不喜欢做领导，而更希望能继续从事他们的技术工作。

自由独立型。有些人喜欢独立做事，不喜欢在大公司里受束缚，许多有相当高的技术型职业定位的人也属于此种类型，但是他们又不像那些简单技术型定位的人一样，因为他们往往并不愿意在组织中发展，而是喜欢独立从业，或是与他人合伙创业，或是做一名咨询人员。很多自

第四章 让性格主导你的职业生涯
——选对职业为你加分

由独立的人会成为自由职业人或是开一家小的零售店。

安全型。有些人最关心的是职业的长期稳定性与安全性，他们为了安定的工作、可观的收入、优越的福利与养老金等付出努力。目前我国绝大多数的人都选择这种职业定位，很多情况下，这是由于社会发展水平决定的，而并不完全是本人的意愿。相信随着社会的进步，人们将不再被迫选择这种类型。

为了更好地确定自己的职业定位，我们可以尝试以下方法：拿出一张纸，将自己的回答要点记录在纸上，根据上面职业定位的解释，确定你的主导职业定位。

你在中学、大学时投入最多精力的分别在哪些方面？

你毕业后的第一份工作是什么，你希望从中获得什么？

你开始工作时的长期目标是什么，有无改变，为什么？

你后来换过工作没有，为什么？

工作中哪些情况你最喜欢，哪些情况你最不喜欢？

你是否回绝过调动或提升，为什么？

以上的五种职业定位分类可以帮助大家更好地认识自己，让大家重新思考自己的职业生涯，设定切实可行的目标。

38 让"个性"成为职业发展的最佳导航仪

性格并没有好坏之分，但性格类型与职业类型的匹配度，却决定了事业的成功与否。究竟怎样才能让自己的个性成为职业发展的最佳导航仪呢？

需要正确测定自己的个性，了解性格与职业定位之间到底有怎样的关联。并且，要想胜任工作，还需要更专业的知识、技能、兴趣、价值观，以及理念等因素加以支撑。由此，先借助科学手段了解自己的性格类型，有利于自己进行准确的职业定位。

要了解自己的性格，根据自己的性格做出正确的职业规划，应进行自我审视评估和性格测评，了解自己的职业气质、能力，分析自己的优势和劣势，结合自己的教育背景、工作经验，在职业咨询师的指导下进行职业生涯的发展规划。我们应知道"自己要做什么，自己能做什么"，并结合自己的价值观和理念，进行一个职业目标的设定及策划，然后进行反馈评估，不断调整自己，完善自己的职业生涯规划。

人是在学习和工作中不断成熟的，人在适应社会过程中遇到这样那样的问题，是非常普遍和正常的。关键是看准自己的方向，马上更正自己的错误选择，并向正确的方向迎头赶上。

39 根据性格选择适合自己的职业

选择适合自己的事去做可以说是人生的一个重要转折点，是人们走向成功的通用定律，这对我们每个人来说都是非常重要的。

世界上的职业有许多种，过去有三百六十行之分，现在又有新的三百六十行。据不完全统计，在当今社会里，有数千种职业之多。在这众多的职业中我们如何选对适合自己的职业呢？如果我们一旦选择了某个职业，就要在这个职业岗位专心致志、全心全力地做好本职工作，这样才能演绎好我们个人满足、单位满意、社会承认的职业人生。比如，过去的军人标兵雷锋、清洁工人时传祥等等，当今的运动健将邓亚萍、姚明等人，无一不是在自己的职业生涯中做出了超人成绩的人，因而受到人们的喜欢与爱戴。职业选择标准仅有一条，那就是特别适合你，你也热爱这一职业。

因此，选择之前，要考虑的问题很多，比如所选职业是否符合自己的志趣爱好，其社会意义和发展前景怎样等等。最重要的一个方面，就是必须考虑它是否适合你的性格特点，要根据自己的性格选择适合自己的职业。

40 性格特征与择业

　　心理学家认为，人们与职业相关的性格有六种，即现实型、探索型、艺术型、社会型、事业型和传统型，这六种类型的人具有以下典型的特征：

　　现实型。此类人表达能力不强，不善于与人交往，思想比较保守，对先进的东西不感兴趣。但他们身体强健，动作灵活敏捷，喜欢户外活动，喜欢使用和操作大型机械。

　　安分随流、直率坦诚、实事求是、循规蹈矩、坚忍不拔、埋头苦干、情绪稳定、勤劳节俭、注重小利、胆小怕事、不善算计是对他们很好的描述。此类人适合从事机械制造、建筑、渔业、实验工作、野外工作、工程安装，以及某些军事职业等。

　　探索型。沉溺于研究问题当中，并表现出对工作有极大的热情，对周围的人不感兴趣，善于通过思考解决面临的难题，但并不一定实施具体的操作。他们喜欢面对疑问和不懈的挑战，不愿循规蹈矩，总是渴望创新。此类人可以描绘成分析的、好奇的、独立的或含蓄的。这类人适合从事生物学、社会科学、工程设计、实验研究、物理学、气象学等专业。

　　艺术型。此类人在有自我表现机会的艺术环境中如鱼得水。因他们更愿单独行动，这一点和探索型人相似。但他们比探索型人有更强的自我表现欲，对自己过于自信、敏感、情绪化，与众不同，个性鲜明，乐于创造，为追求心中的理想可抛弃一切。

　　艺术型的人可描述为创新求异、独立不羁、不同凡响、热衷表现与激情洋溢。他们一般适合成为艺术家、戏剧导演、画家、歌唱家、诗人、演员、音乐演奏家等。

社会型。此类人责任感、正义感、公正感都很强，具有较强的人道主义倾向，社会适应能力强。他们喜欢有组织地工作，善于与人交往，乐于讨论理想、人生态度等问题，愿意帮助他人。开朗、善于交际、希望成为领导者是对他们较好的描述。适合于他们的工作有：学校校长、临床心理学家、大学教师、就业指导顾问等。

事业型。此类人喜欢竞争，好支配别人，善于辞令，总试图让别人接受自己的观点，不愿从事精细工作，不喜欢长期复杂的工作。一般他们把自己看作敢作敢为、信心百倍、开朗通达、善于交际的。这类人适合做经理、政治家、推销员、电视节目制作人、社会活动家、房地产经纪人等职业。

传统型。此类人喜欢有秩序地生活，做事有计划、有条理，乐于执行上级派下来的任务，讲求精确，不愿冒险。可以这样描述他们：循规蹈矩、踏实稳当、温顺听话和忠实可靠。他们与其他人的区别在于他们对花大体力或脑力的活动不感兴趣。适合于他们的职业有：银行审计员、银行出纳员、计算机操作员、图书管理员、会计、话务员、统计员、交通管理员等。

但性格并不是孤立存在的，它们之间存在一定的共性。如果按照这种共性分类进行分析的话，就能找到最适合我们的工作。有的人适合与物打交道，有的人则擅长与人打交道。职业生涯的第一步同时也是最关键的一步，就是要准确判断自己的职业性格，正确选择职业生涯的方向。如果不清楚自己的职业性格，找到一份自己不喜欢又不适合的工作，会影响一生的职业道路，因为如果等到发现目前的工作不适合、不喜欢再跳槽的话，就会走一大段弯路。因此，如果我们不以自己的职业性格作为选择职业的准绳，势必将永远生活在跳槽再跳槽的恶性循环中，而且这些都将对我们职业生涯产生负面的影响。

第四章 让性格主导你的职业生涯
——选对职业为你加分

41 让每一个人都看见自己的工作

把自己的工作做好固然很重要，但同样重要的还包括如何在同事或领导面前去展示你的工作成果。现代职场都讲究团队合作，在我们的工作中，领导和同事都是我们工作团队中的一员，要给自己一些机会，主动和团队成员交流，让别人知道你在做什么，让别人了解你的工作进展，主动把你的工作呈献给大家。

在自己的职业发展过程中，通过和同事之间进行有效的交流沟通，可以更好地把握自己在工作中的表现，也有助于你去更好地了解同事的真实想法，听到他们最真实的声音。公司召开的会议上积极发言，能提出自己独特、鲜明的观点；踏踏实实地做好工作，把工作做漂亮，然后让大家分享你做好工作的快乐，让领导知道你能把工作做得很好。如果自己只是默默无闻地工作，虽然你做得很好，但也很可能不被领导发现，不被同事认可。

不要害怕同事批评自己喜欢表功，不要怕因此招来非议，表现自我绝对称不上是什么错。这世上如果没有了"表现"，恐怕也就没有天才和蠢材的区分了。

不声不响、一声不吭地埋头苦干，数年甚至数十年如一日，不计付出，这是老实人的特征。在老实人的想法里，只要我努力了，我付出了，一定能够得到应有的奖赏。老实人以为，每一位员工的工作都在老板的视野里，老板对员工的表现是一目了然，自有明见。但不幸的是，这种想法太一厢情愿了，根本没有考虑到实际情况。事实上，老板是最容易患"近视症"的。严格说来，这不完全是老板的错。通常，做老板的往往会把注意力放在比较麻烦的人和事上面，规规矩矩、脚踏实地做事的人反而容易被忽视。

在工作当中，对大多数年轻人而言，老板或者领导处于金字塔的顶端，属于远高于自己的"阶层"，高高在上、遥不可及，公司越大越是如此。很多人，由于对老板的生疏和恐惧感，潜意识里怕见老板，一见老板一举一动都不自然了。即便是必要的工作汇报，也多愿意用书面形式报告，避免被老板当面责问的难堪。时间久了，员工和老板的陌生感或者隔膜肯定会越来越深。其实，老板也是人，人与人之间的了解、理解以至于好感是要通过实际接触和语言沟通才能建立起来的。

对一个员工来说，只有主动和老板多做面对面的沟通，把自己的特点尤其是优点真实地展现在老板面前，才能使老板直接认识到自己的为人和才能，才会铺垫好被赏识和发掘的可能性。如果老板对你一无所知，好运气是不会降临到你头上的。主动与老板沟通是每个人职场生涯中尤为重要的事情。如果你没有告诉你的老板你做了什么工作，你的老板就会认为你什么工作也没有做，你在你老板心目中就处于很不利的位置。

42 用衣着展现自己的内涵

在生活和工作中，要学会如何宣传自己。简单地说，宣传就是为自己营造一个光环，让人们对你产生更好的印象。人的认识活动有一种"润泽性"，比如一个人的某一品质被认为是好的，他就被一种积极的光环所笼罩，反之，该人就被赋予其他不好的品质，这就是"光环效应"。

在当前的社会中，一个人尤其是职场人士的外在形象将可能左右其职业生涯发展的前景，甚至会直接影响到一个人在职场上的成败。

根据著名形象设计公司英国 CMB 对 300 名金融公司决策人的调查结果显示，成功的形象塑造是获得高职位的关键。另一项调查显示也表

第四章　让性格主导你的职业生涯
——选对职业为你加分

明，形象直接和收入相关联，它会影响到一个人的收入水平，那些更有形象魅力的人收入通常比一般同事要高14%。

对每一个人来说，个人工作能力虽然是关键，但同时也需要注重自身形象的设计，特别是在求职、工作、会议、商务谈判等重要活动场合，形象好坏将决定你的成败。

在以前，人们心中的形象只是指发型、衣着等外表的东西，实际上现代意义的形象包括仪容（外貌）、仪表（服饰、职业气质）、仪态（言谈举止）三方面，其中最为讲究的是形象与职业、地位的匹配。

当然，在这里有一个问题需要强调的是，一个好的形象，不只是把自己打扮得多么美丽、英俊，它的深层次含义是要做到自身发型服饰、气质、言谈举止与职业、场合、地位，以及性格相吻合。所谓职业形象，当然需要与你的职业紧密结合，而其中最重要的是要体现出你在职业领域的专业性。任何使你显得不够专业化的形象，都会让人认为你不适合从事你现在的职业。

对那些身在职场的人士来说，最好事先对行业和企业的文化氛围有一个了解，把握好特有的办公室色彩，谈吐和举止中要流露出与企业、职业相符合的气质；要注意衣服的整洁干净，特别要注意尺码适合，衣服的颜色要选择合适的颜色，注重现代感。

办公室着装也可以宽松、随和。但值得注意的是：随和并不是随便。在公司里可以穿便衣，但是不能随便。所以上班就是要打扮得干干净净，穿着得整整齐齐。最好不要穿着太各色或太新潮的奇装异服。

对办公室一族来说，成熟稳重是专业形象的关键，所以在日常工作中一定要注意表现出自身的成熟。应该尽量避免脸红、哭泣等缺乏情绪控制力的表现，因为那不但令你显得脆弱、缺乏自制力，更会让人怀疑你会破坏公司形象。另外，在言谈中表现出足够的智慧、幽默、自信和勇气，会使你看起来更果断而可信。

43 塑造专业形象

在工作中，专业、敬业、权威等方面形象的塑造格外重要，因为树立工作形象既体现着你的工作质量、效率等，同时在办事中别人也会被你的形象折服。

如果你去问许多成功人士，他们成功的秘诀是什么，恐怕十有八九会回答你这样一句话："建立一个专业形象。"

美国著名的电影公司——米高梅电影公司一向以严格的专业形象著称。该公司的高级职员一般都要穿深色套装和白衬衫，以至于人们在看到米高梅公司的人时往往会笑着说："瞧！企鹅又来了。"但在演艺界这样一个充满活泼、浪漫色彩的地方，米高梅公司为何做如此古板的规定呢？要知道米高梅公司的总经理可不是一个严肃而缺乏幽默感的人。他之所以要求他的职员这样着装，是因为他知道在大众的心目中"好莱坞人"总是口叼雪茄的商人形象，这些人往往喜欢夸夸其谈，给人以很不老实的感觉。所以米高梅公司试图从衣着上给大众一种稳重的正面专业形象，以消除过去留下的消极影响。这一点在后来被证明非常有效果。

一个人究竟是否专业，常常不是以学位或是工作的时间长短来决定的，而取决于面对面接触时他被人所看到的行为。所以无论如何，到了一个新环境以后，都要尽快建立起一个固定的专业形象。

因此，在刚开始工作的时候，你每天必须花很多时间来确认自己是不是有一个良好的专业形象。一旦这种形象建立以后，和你一块儿工作的人将会既敬重你，又喜欢你。

在工作中，你就算不能第一个到办公室，也不要当最后一个来的那个人。你要在工作中建立自己的敬业形象，才能受到上司的赞赏。比如

第四章 让性格主导你的职业生涯
——选对职业为你加分

在星期一早上，大家总是不约而同地因为交通不好等原因而比平常来得晚，且显得很疲惫，好像让员工星期一工作是件不道德的事。这时如果你能比其他人早到一些，并且穿上显得精神振作的服装，趁别人还没有进办公室之前查查自己私人的电子邮件或整理一下办公桌，让自己提早进入一周的工作状态，跟你那疲惫的姗姗来迟的同事比起来，你的精神显得特别愉快，那么，你当天绝对是最让上司眼睛一亮的员工。

在工作完之后，你就算不能最后一个下班，也不要在所有人都还埋头工作的时候扬长而去。你的工作效率可能真的比别人高，那么应该帮助显然今晚必须要加班的人，问他有什么可以让你帮得上忙的。就算你到头来什么忙都帮不上，光是这一点心意，就够让人感动的了。但是一定要出自诚意，别让你的同事感觉到你在居高临下地对他的工作指手画脚。别忘记只有整个团体的成功，才能让你的优秀表现得更杰出，如果团队里其他人显得灰头土脸，不但不会让上司认为你的能力比其他人高强，反而会觉得你的工作太过轻松，并且没有团队精神的概念。而且如果你第一个离开办公室，第二天却发现你昨天的工作犯了些错误，任何人第一个浮现在脑海里的画面，将是你匆匆忙忙赶着下班的情景，到时候就算浑身是嘴也说不清楚了。

如果你是一个团队领导，个人形象尤其重要。如果一个领导者责任感强，使命感强，全心全意为员工服务，不谋私利，公平待人，善于沟通协调人际关系，又具有鲜明的个性特征和高尚的道德品质，那么他的威信肯定高，影响力肯定强。

领导者的个性和品德可以形成独特的魅力。而魅力对领导者来说，是一种十分有效的武器，它最能激发员工的想象力，凝聚员工的战斗力，吸引员工的注意力，鼓励员工忠心耿耿地为达到企业目标而努力奋斗。

一些人把魅力误解为个性的产物。其实魅力的形成与领导者个人的品德、能力息息相关。加强道德修养，以德服人，再加上有力的职务权力，那么领导者的影响力就会大大增加，工作水平也会水涨船高。

被下级视为有学问的人可以赢得更多的尊敬和信任。一个获得过博士学位的经理一般来说会比一个大学本科毕业的经理更令人信服。当然，对任何一个人来说，最重要的是真才实学，而不只是文凭。

在知识不断更新的当今社会，在专业化程度要求更高、更深的企业中，对企业管理人员来说，尤其是对高级的领导者而言，不可能面面俱到地掌握和精通所有的专业知识，甚至可以说对大部分的具体工作是不甚了解的。但是，作为领导者，却要时时刻刻地面对那些精通某一专项业务的部门主管，乃至具体的专业人员。如果真的对业务表现得一无所知，对下属的工作无从指导的话，久而久之，下属就会认为你不学无术，你的形象也会在他们心目中大打折扣，威信自然无从谈起，肯定会对你的管理不利。

以能力、才干树立威信比以知识、经验树立威信更重要。以能力树立威信使人信服，以才干树立威信使人佩服。这里的才干主要指领导者的领导决策才能，当然也包括专业技术方面的才能。具备以上的才能，员工会认为你像个领导者，跟着你干绝对没错，于是你就有了号召力、有了威信。

树立一个形象，维护一个人的魅力是使人成功的必备条件。有威信的人的特点一定是与众不同的，他自有一种独特的魅力使人折服，而成为众人的焦点。

44 勇敢地担负起责任

你可能是一名普通的员工，你做的工作可能是生产一个齿轮，你的责任就是把它做得更好更完美，因为只有你做得好，才会生产出更好的机器。你可能就是一个商场的服务员，你的责任就是用你最好的服务让

第四章 让性格主导你的职业生涯
——选对职业为你加分

顾客满意，因为只有你做得好，顾客才会愿意来，你的公司才会不断的发展。

有人说过："如果你能真正地钉好一枚纽扣，这应该比你缝制出一件粗制的衣服更有价值。"因此，我们要清醒地意识到自己的责任。

有一个替人割草打工的男孩儿打电话给格林太太说："您需不需要割草工？"格林太太回答说："不需要了，我已有了割草工。"男孩儿又说："我会帮您拔掉草丛中的杂草。"格林太太回答："我的割草工已做了。"男孩儿又说："我会帮您把草与走道的四周割齐。"格林太太说："我请的那人也已做了，谢谢你，我不需要新的割草工人。"男孩儿便挂了电话。此时男孩儿的同伴对他说："你不是就在格林太太那儿割草打工吗？为什么还要打这个电话？"男孩儿说："我只是想知道我究竟做得好不好！"

经常问问自己"我做得怎么样"，这就是责任。每个人都肩负着责任、对工作、对家庭、对亲人、对朋友，我们都有一定的责任，正因为存在这样或那样的责任，才能对自己的行为有所约束。而有些人却寻找借口将自己应该担当的责任转嫁给他人。而一旦养成了寻找借口的习惯，人们就会忘却自己的责任。

切记，千万不要利用自己的功绩或手中的权力来掩饰错误，从而忘却自己应承担的责任。企业是由每一个人组成的，大家有共同的目标和共同的利益，因此，企业里的每一个人都负载着企业生死存亡、兴衰成败的责任，这种责任是不可推卸的，无论你的职位高低。

一个有责任感的员工，不仅仅要完成他自己份内的工作，而且他会时时刻刻为企业着想。海尔的一名员工这样说过："我会随时把我听到的看到的关于海尔的意见记下来，无论我是在朋友的聚会中，还是走在街上听陌生人说的话。因为作为一名员工，我们有责任让我们的产品更好，我们有责任让我们的企业更成熟更完善。"

一个没有责任感的人，不但不会忧企业之忧，想企业之想，而且会让企业的利益受到损害。他们就是企业的潜在危机，随时都可能给企业带来损失。

一位经理在视察自己旗下的一家超市时，发现一名雇员对前来购物的顾客态度极为冷淡，而且脾气还很大，令顾客极为不满，而这位雇员自己却不以为然。这位经理问清缘由之后，对这位雇员说："你的责任就是为顾客服务，让顾客满意，并让顾客下次还到我们这里来，但是你的所作所为是在赶走我们的顾客。你这样做，不仅没有担当起自己的责任，而且使企业的利益受到损害。你懈怠了自己的责任就失去了企业对你的信任，一个不把企业当成是自己企业的人，就不能让企业把他当成自己人，你可以走了。"

这位经理让人佩服的一点就在于他没有把这个问题简单地看成是服务态度的问题，而是看到了服务态度背后更深一层的问题。

缺乏责任感的员工，不会视企业的利益为自己的利益，也就不会因为自己的所作所为影响到企业的利益而感到不安，更不会处处为企业着想，为企业留住忠诚的顾客，让企业有稳定的顾客群。解聘这样的员工，对员工来讲是一次教训，至少让他明白：在任何一个企业，责任感是他们生存的根基。

企业的命运与员工的表现息息相关，若能把日常工作中发现的问题，积极地反馈到公司负责人的手上，企业或许就会因为一个意想不到的原因而节约大量的资源，或者更直接地说是创造更大的利润。

在这个商业化的社会里，人们越来越欣赏那些敢于承担责任的人。大家认为，只有这样的人才能给人一种信赖感，值得去交往。也只有这样的人，才具备开拓精神，为公司带来效益。所以，在做事的过程中，我们应该要求自己具备一种勇于负责的精神，这样，才会获得别人的敬重，而为自己赢得尊严。

责任是一种与生俱来的使命，它伴随着一个人的一生。从出生到离开这个世界，我们每时每刻都要履行自己的责任：对家庭的责任、对工

第四章 让性格主导你的职业生涯
—— 选对职业为你加分

作的责任、对社会的责任。一个缺乏责任感的人，或者一个不负责任的人，首先失去的是社会对自己的基本认可，其次失去了别人对自己的信任与尊重，甚至也失去了自身的立命之本——信誉和尊严。如果说智慧和能力像金子一样珍贵，那么，勇于负责的精神则更为可贵。一个民族缺少勇于负责的精神，这个民族就没有希望；一个组织缺少勇于负责的精神，这个组织就难以让人信任；一个人缺少勇于负责的精神，这个人就会被人轻视。

45 天道酬勤

一个人最终能否成功，不在于所处的环境是什么样子，从事什么样的工作，关键是看如何对待环境，如何对待工作。你的态度直接决定着你的命运。天道酬勤，命运掌握在勤恳工作的人手上。

成功学中有许多关于成功的定律和名言警句：

如"成功的人之所以成功就是因为他们比别人更加勤奋、更加努力"；

"天下没有白吃的午餐，唯有比别人多一份努力，才能立足于社会，超凡脱俗"；

"一个很重要的定律就是，努力不一定成功，不努力肯定不能成功。"

同时还有许多人总结出了许多不同的成功公式，有的是勤奋＋天赋＝成功，有的是勤奋＋天分＋机遇＝成功等等，分析这些成功公式，我们可以发现，在这些公式当中有一个共同的不可或缺的项目就是勤奋。勤奋在事业成功中的重要性可见一斑。

天道酬勤，命运总是掌握在那些勤勤恳恳地工作的人手中，正如优秀的航海员总能驾驭大风大浪一样。人类发展的历史表明，那些伟大的成就通常是由一些平凡的人经过自己的努力取得的。对于勤奋的人，生活总能给他提供足够的机会和不断进步的空间。

成功来自积极的努力，它不会自动降临。

牛顿无疑是世界一流的科学家。当有人问他到底是通过什么途径得到那些伟大的发现时，他诚恳地回答道："总是思考着它们。"还有一次，牛顿这样阐述他的研究方法："我总是把研究的课题放在心里，反复思考，慢慢的，起初的点点星光终于一点一点地变成了阳光一片。"正如其他有成就的人一样，牛顿也是靠勤奋、专心致志和持之以恒才取得巨大成就的，他的盛名也是这样换来的。放下手头的这一课题而从事另一课题的研究，这就是他的娱乐和休息。就连牛顿自己也曾经说过："如果说我对公众有什么贡献的话，这要归功于勤奋和善于思考。"

英国物理学家及化学家道尔顿不承认自己是什么天才，他认为自己所取得的一切成就都是靠勤奋。

只要翻一翻一些大人物的传记，我们就知道大多杰出的发明家、艺术家、思想家和各种著名的工匠，他们的成功在很大程度上归功于非同一般的勤奋和持之以恒的毅力。

前英国首相丘吉尔在第二次世界大战期间一天工作16个小时；周总理在大多数情况下每天只有4个小时的睡眠时间。英国首相玛格丽特·撒切尔夫人具有过人的精力，她是一个靠自己的奋斗获得成功的女士。她很少度假，每天睡眠不超过5个小时。她从低微的下层工作开始，经历了漫长的过程，成为欧洲历史上第一位女首相。

天道酬勤，要想成功，就要培养勤奋的工作习惯。人们一旦养成了一种不畏辛劳、敢于拼搏、锲而不舍、坚持到底的工作品质，无论从事什么样的工作，都能在激烈的职场竞争中立于不败之地。即使从事最简单的工作也少不了这些最基本的品格。

如果你永远保持勤奋的工作状态，你就会得到他人的称许和赞扬，就会赢得老板的器重。不仅如此，由于你的勤奋会导致自身能力的提

第四章 让性格主导你的职业生涯
——选对职业为你加分

高,会赢得更多的发展机会。正如踢足球是在奔跑中寻找破门良机一样,在不懈的努力学习与工作中,我们的生命才会升值。我们发现,取得优异成绩的员工,都具有勤奋的品格。

任何人都要经过不懈努力才能有所收获。收获的成果取决于这个人努力的程度,世上机缘巧合的事太少了。有人说"我很聪明",那么假设果真如此,你就应该为聪明再插上勤奋的翅膀,这样,你就能飞得更高更远;如果你还不够聪明,你就更应该勤奋,因为"勤能补拙",现实生活中,我们经常能够发现"龟兔赛跑"的故事。最终成功的人,不一定是最聪明的人,但肯定是勤奋的人。在漫长的人生道路上,勤奋比天才更重要。

46 将兴趣和工作结合起来

如果一个人做事的方式不当,用他的短处而不是他的长处来工作的话,他永远不会取得成功。一定要根据自身的实际情况去做事。

你的才能就是你的天职。你能做什么?将走什么样的路?这是命运的质问。庸者随波逐流,唯有智者,才有资格成为自己的导师和内心的解读者。

"瓦特!我从来没有见过像你这样的孩子!"瓦特的祖母对他说,"多念点儿书,这样你以后才可能有出息。我看你有一个小时一个字也没念了吧!你看看你这些时间都在干什么?把茶壶盖拿走又盖上,盖上又拿走干什么?用茶盘压住蒸汽,还加上碗,忙忙碌碌,浪费时间玩儿这些东西,你不觉得羞耻吗?"

幸亏这位老夫人的劝说失败了,全世界都从她的失败中获得了巨大的收益。

伽利略年轻时候曾被送去学医,但当他被迫学习解剖学的时候,心里还想着欧几里得几何学和阿基米得数学，于是，他利用空余时间偷偷地研究复杂的数学问题。在他18岁那年，他就从比萨教堂大钟的摆动中发现了钟摆原理。

英国著名军事将领威灵顿在小的时候，是一个很笨的小孩，知道他的人都认为他是低能儿，连他母亲也是这么看的。在学校里他是最差的学生，别人都说他迟钝、呆笨又懒散，功课没有一门能过得去。他没有什么特长，而且从来没想过要入伍参军。在父母和教师的眼里，他的刻苦和毅力是唯一可取的优点。但是在他46岁那年，他却打败了当时世界上最伟大的军事天才拿破仑，拯救了国家。

在选择职业时，不要考虑什么样的职业挣钱最多，怎样成名最快，应该选择最能发挥你的潜能、能让你全力以赴的工作。

中国社科院曾经在一个报告中说，中国劳动力的就业趋势，将会向"小"而"精"的方向发展，也就是说未来人们择业，将会更加自由和随意。那么，该如何选择自己的职业呢？就像鸟儿需要飞翔一样，你的职业就是你飞翔的翅膀，它是你梦开始的地方，能飞多远完全取决于你判断的准确程度。具体说来，你必须在选择前明白自己的性格、气质、能力和兴趣。在选择职业之前，你需要对自己的气质和性格有一个基本的了解。从而发现自己的长处是什么？自身的优势在哪儿？

每个人面临的主要问题都是了解自己的优势、分析自己的优势，以及巧妙地发挥自己的优势，并将自己的优势转化为成功的能量。

每个人都有自己的强项和弱项、缺点和不足，关键在于努力把自己的特长发挥到极致，把不足之处的危害降到最小。如果把精力全部花在提高弱项方面，不仅收效甚微，反而会影响到别的方面，成为一个毫无特色的人，自然也就难有建树。记得曾在报上读到过这样一个故事：说一个爱好文学的小青年，锲而不舍地追求写作事业，可是几年过去了，文笔却没有得到丝毫的长进。一气之下，他割指发誓，从今往后，弃笔从商，终于获得成功。

第四章 让性格主导你的职业生涯
——选对职业为你加分

小青年割指弃文的过激做法，是不应该被提倡的，但他迷途知返的举动，值得我们学习。这个故事，告诉我们这样一个道理：一个人不可能面面俱到，每个人身上都蕴藏着一份特殊的才能，那份才能犹如一位熟睡的巨人，等着我们将它唤醒，这个巨人就是潜能。只要我们能将潜能发挥得当，我们也能成为牛顿，也能成为爱因斯坦，成为马克·吐温。

美国作家马克·吐温，是美国批判主义文学的奠基人、世界著名的短篇小说大师。这位大文豪，一生写下了许多不朽的作品，如传世小说《镀金时代》、《哈克贝里·芬历险记》。然而，就是这样一位大文豪，也不是一个十全十美的人。他曾经因为不懂经营，在从事商业投资时吃尽了苦头，不仅血本无归，还欠下了很多债务。

历史和现实中的例子告诉我们，只有善于经营自己长处的人，才能使自己的人生价值得以增值。而这样带来的幸福和满足感是其他事务所不能代替的。

有人说，在人生的所有幸福中，有一种幸福被人们所津津乐道并被人所羡慕，这种幸福并不是大多数人能拥有，只是少数人的特权。大多数人为了生计而四处奔波，干着自己不喜欢的职业，这其实是很无奈的，而真正的幸福就是所从事的工作和自己的爱好相一致，就像易趣网的创始人邵易波所说："一个人要成功的话，一定要找到自己最想做的事，当然这也是他最能干的事，这样他就能够每天都很有劲地去工作，也容易成功……"

易趣网的邵易波可谓是一个少年得志的人，还在上高中时，他在数学方面的才华就崭露头角，并在高二直接进入了美国哈佛大学学习。在哈佛大学读完 MBA 之后，他谢绝了美国各大咨询公司和金融投资银行的高薪聘请，回上海创办易趣网，任首席执行官。

谈及自己的工作，邵易波说："回国创业不是我的一时冲动，而是我想了很久才定下来的，最重要的是，感觉自己对这方面感兴趣，愿意在这方面发展。"

47 做自己最喜欢和最擅长的工作

究竟什么样的生活才是你所孜孜以求的？这个目标不是盲目的，不切实际的，不是人云亦云的。它，是你生命最原始的呼唤。

"做自己喜欢和善于做的事，上帝也会助你走向成功。"这是连续几年世界的首富比尔·盖茨说过的一句话，这是不是应该成为今后我们择业的指南呢？

比尔·盖茨是计算机方面的天才，早在他还没有成名的时候，就对计算机十分痴迷，并且是一个典型的工作狂，但这种"工作"完全是出于一种本能的爱好，这种爱好他在湖滨中学时期就已表现得淋漓尽致。

那时候，为了研究和电脑玩扑克的程序，他简直到了如饥似渴的程度。扑克和计算机消耗了他的大部分时间。像其他所专注的事情一样，盖茨玩扑克很认真，但他第一次玩得糟透了，但他并不气馁，最后终于成了扑克高手，并研制成了这种计算机程序。在那段时间里，只要晚上不玩扑克，盖茨就会出现在哈佛大学的艾肯计算机中心，因为那时使用计算机的人还不多。有时疲惫不堪的他，会趴在电脑桌上酣然入睡。盖茨的同学说，常在清晨发现盖茨在机房里熟睡。盖茨也许不是哈佛大学数学成绩最好的学生，但他在计算机方面的才能却无人可以匹敌。他的导师不仅为他的聪明才智感到惊奇，更为他那旺盛而充沛的精力而赞叹。

在开创事业的初期，除了谈生意、出差，盖茨就是在公司里通宵达旦地工作，常常至深夜。有时，秘书会发现他竟然在办公室的地板上鼾声大作，天才加爱好、再加勤奋，成就了他辉煌而幸福的人生历程。

人和人之间是有差别的，每个人都有优势，都有擅长和不擅长的东

第四章 让性格主导你的职业生涯
——选对职业为你加分

西,关键是要对自己有所认识。

你要选择一条正确的航道,就要不断冷静地矫正你的航向。只有学会冷静地思索,才能矫正你的罗盘,你就会自动地做出反应,同你的目标,你的最高理想,处于同一条直线上。所以,当你不断地努力工作时,你应时不时地冷静下来好好想一想,你所努力的方法及方向是不是你生命中最想要的。三百六十行,行行出状元。但其"状元之才"之所以能够浮出水面,为世人称颂,就是因为他选择了适合自己的工作。因此,我们说,人生的成功之本就在于发现自己的长处,并不断地将其深化和发展。

生命的意义就在于能做自己想做的事情。如果我们总是被环境逼迫着去做自己不喜欢的事情,而没有机会做自己想做的事情,我们就不可能拥有真正幸福的生活。可以肯定的是,每个人都可以并且有能力做自己想做的事,想做某种事情的愿望本身就说明你具备相应的才能或潜质。

"做自己喜欢做的事",是一种不为名牵、不受物累、不受孔方兄羁绊、不为尘嚣缠绕的自我选择,是一种至高、至纯、至善、至美的生活方式,轻松洒脱,自由自在,因而能最大限度地发挥自己的创造潜力,并感受到无穷的乐趣。只有从兴趣出发,做自己喜欢做的事,才能增强生命活力,谱写人生的美丽乐章,做最好的自己。

推荐要点:

根据自己的性格特点选择自己最易适应的职业。

"千里马常有,而伯乐不常有",这就要求我们应该善于表现自己,勇于表现自己。

借助科学手段了解自己的性格类型,有利于自己进行准确的职业定位。

选择适合自己的事去做可以说是人生的一个重要转折点，是人们走向成功的通用定律。

人们与职业相关的性格有六种，即现实型、探索型、艺术型、社会型、事业型和传统型。

职业生涯的第一步同时也是最关键的一步，就是要准确判断自己的职业性格，正确选择职业生涯的方向。

把自己的工作做好固然很重要，但同样重要的还包括如何在同事或领导面前去展示你的工作成果。现代职场都讲究团队合作，在我们的工作中，领导和同事都是我们工作团队中的一员。

人的认识活动有一种"润泽性"，比如一个人的某一品质被认为是好的，他就被一种积极的光环所笼罩，反之，该人就被赋予其他不好的品质，这就是"光环效应"。

人生是一个发展的过程，它包含着两个相互联系、相互渗透的方面，一个是建构自己，它是指人对自身的设计、塑造和培养；另一个是表现自己，也就是把人的自我价值显现化，获得社会的认可和他人的承认。

如果你足够聪明，你就应该为聪明再插上勤奋的翅膀，这样，你就能飞得更高更远；如果你还不够聪明，你就更应该勤奋，因为"勤能补拙"。

千万不要利用自己的功绩或手中的权力来掩饰错误，从而忘却自己应承担的责任。

一个缺乏责任感的人，或者一个不负责任的人，首先失去的是社会对自己的基本认可，其次失去了别人对自己的信任与尊重，甚至也失去了自身的立命之本——信誉和尊严。

第五章 自强自信让人受益终生
——自强自信的人生态度为你加分

美国诗人、思想家爱默生说过:"有史以来,没有任何一件伟大的事业不是因为自信而成功的。"当自强、自信成为你的生活方式,你也就已经为成功做好了准备。

48 由自卑到自信：从转变观念开始

自卑感是人的心理反应，在很大程度上是自己思想认识上的错觉，要摆脱这种心理，转变观念是极为重要的一步。

曾经有一位推销员，他在开始从事这份工作之前，也常为自卑感到苦恼。每当他站在某位大人物面前，就会变得局促不安，结结巴巴地不知道在说什么。但最后他终于尝试着克服了这种困难。

他在开始从事推销工作之初，非常胆怯，虽然对方亲切地款待他，但他总觉得站在人家面前自己变得很渺小。他透露当时的心情说："在那些人面前，我觉得自己好像是个小孩。由于自卑心理作祟，当时我脑袋里一片空白，原已演练多遍的推销辞令变成乱无章法的喃喃自语。坐在大人物面前，我只觉得自己不断地缩小，他们一个个都变成了可怕的巨人！

"但这种现象我没让它持续下去，因为我警觉到如果不想办法扭转逆势，这种工作再干下去也没什么意思。而且那时候我也快被自卑感逼至崩溃边缘。于是，我设想把大人物看成是穿开裆裤的小娃儿又会是什么情况？

"从我开始有了这种想法，便开始尝试，没想到效果出奇的好。当然，他们并不是真正变成了小孩子，只是在我眼里他们都成了十四五岁的毛头小伙子。不过，事情真的是有所转变，他们都像朋友一般，说起话来非常自然。我也一样，自从能站在平等立场与他们交谈之后，我的心情就变得轻松自然多了。从此之后，我的观念就有了180度的大转变，自卑感也不见了！"

自卑是自信的俘虏，当你树立了自信之后，自卑也就自然而然地烟消云散了。你若想在自己内心建立起自信心，就应该像清扫街道一样，首先将相当于街道最潮湿角落的自卑感清除干净，然后再树立信心，并加以巩固。如果信心得以树立，则新的机会就会伴随而来。

第五章 自强自信让人受益终生
——自强自信的人生态度为你加分

49 过有尊严的生活

　　不向任何人卑躬屈节，不容许别人歧视、侮辱是"尊严"不变的内涵。只有自尊，才能受到别人的尊重。自尊心在平时需要培养，在特殊的情况下则需要捍卫。

　　霍克住在贫民区里，他的家庭状况也就可想而知了。为了省下家里取暖的钱给自己交学费，他必须到附近的铁路去拾煤块。霍克的行为受到了贫民区里其他的孩子家长的称赞，那些家长也拿他为榜样教育自己的孩子要向他学习，自食其力。但霍克却因此遭到那些孩子的嫉恨。有一伙孩子常埋伏在霍克从铁路回家的路上袭击他，以此报复。他们常把他的煤渣撒遍街上，使他回家时受到责备，他只能默默流泪。这样，霍克总是或多或少的生活在恐惧和自卑的状态中。

　　终于有一天，老师看到霍克脸上的伤，问起原因，霍克哭着说了经过。老师问道："你觉得自己错了吗？"霍克马上坚定地回答："不，我没有错。"老师又说："那么，这种事情必须结束。霍克，你有力气拾煤块就应该有力气反击他们，记住：要为你坚持的东西而勇敢。"

　　第二天，在霍克拾完煤往回走的路上，看见三个人影在一个房子的后面飞奔。他最初的想法是转身跑开，但很快他记起了老师的话，于是他把煤桶握得更紧，一直大步向前走去，犹如他是凯旋而归的一个英雄。接下来便是一场恶战。三个男孩一起冲向霍克。霍克丢开铁桶，勇敢地迎上去，拼尽全力挥动双拳进行抵抗，使得这三个恃强凌弱的孩子大吃一惊。霍克用右拳猛击到一个孩子的鼻子上，左拳又猛击他的腹部，这个孩子便转身溜走了。这使得霍克精神一振，更加奋勇地反抗另外两个孩子对他进行的拳打脚踢。他用腿绊倒了一个孩子，再冲上去用膝部猛击他，而且发疯似的连击他的腹部和下腭。现在只剩下一个孩子了，他是领袖，他突然袭击霍克的头部。霍克站稳脚跟，把他拖到一边，毫不畏惧地对他怒目而视。在霍克的目光下，那个孩子一点一点地向后退，然后飞快地溜跑了。霍克从煤桶里抓起一块煤投向那个退却者，这也许是在表示他正义的愤慨。

直到这时，霍克才知道他这一次的流血和伤痛是最值得的，因为他克服了恐惧。他知道帮他赢得胜利的不是他的拳头，而是他渴望捍卫自尊的心。从现在起的每时每刻，他都将"为坚持的东西而勇敢"。他要改变他的世界了。

自尊就是个人的尊严，是每个人都应该具有的，但并不是每个人都要像霍克那样用拳头和石头来捍卫它。真正懂得维护自尊的人是能给别人应有的尊重的人，他的行为能赢得更多人的尊重，甚至可能改变一个人的整个生活。

有这样一个关于尊严的真实故事：某日富商闲来无事，就到大街上散步，刚走出不远，他看到前面有一个衣衫褴褛的铅笔推销员正满脸堆笑地向他走来，眼神里充满了渴望。富商见此怜悯之情油然而生，毫不犹豫地将一元钱丢进推销员的怀中，就缓步走开了。他以为能听到一句感谢的话，回头看时正遇上推销员那毫不领情的眼神，他才忽然觉得这样做不妥，就连忙返回，很抱歉地对推销员解释说："对不起，我刚才忘了拿笔，希望你不要介意。"说着便从笔筒里取出几支铅笔，最后又说："我们都是商人，都不能做赔钱的买卖。你有东西要卖，而且上面有标价，我照价付给了你钱，我也要拿走我买的东西。"

这件事富商并没有放在心上，他只是觉得对任何人都应该尊重，不管他自己是否需要。几个月过后，富商出席一个商业活动，作为公众人物，许多人都与他寒暄。快到中午用餐时，他身边的人不那么多了，这时一位穿着整齐的年轻人迎上前来，用充满感激的目光注视着他。富商感到很纳闷，但一时也想不起来这人是谁，此时年轻人说话了："您早就不记得我了吧？我也是才知道您的名字，但不管您是一个名人还是一个普通人，我永远忘不了您。我是数月前那个铅笔推销员，当时您的举动给了我足够的尊严。在此之前，我一直觉得自己像个乞丐，一个推销

第五章 自强自信让人受益终生
——自强自信的人生态度为你加分

铅笔的乞丐，不配得到任何人的尊重。因为很多的人都只给我钱，并没有拿走一件商品，他们都认为我是一个乞讨者，直到您走过来并告诉我，说我是一个商人为止。您虽然拿走了一元钱的商品，但却为我重新找到了尊严。您的话使我重新树立了自信，我立志要成为一个真正的商人，今天我做到了。谢谢您！"没想到简简单单的一句话，竟使得一个处境窘迫的人重新树立了自信心，并且通过自己的努力终于取得了可喜的成绩。

一个人应该拥有自尊，但他更应该给别人以同自己一样的尊敬之情。只要一个人的内心是和善的，心灵是美好的，他一定是一个懂得自尊并尊重他人的人。

50 你是不可替代的

只有认为自己是不可替代的人，才称得上是胜利者。人只有在相信自己是最棒的、是第一的时候，才会达到力量与精神上极度的巅峰状态，进而带来强烈的行动力与决断力。相信自己，有付出必有回报，不历经风雨，怎能见到彩虹呢？

每天都要大声地告诉自己：我是不可替代的，我一定能成功！

一个人一旦失去了信念，就会对所有的一切都失去了信心，必然会在迷茫中失去行进的目标，就不会知道脚下的路会延伸到什么地方，还有多远的路要走。

坚信自己，这才是最重要的。不要在别人的眼中选择人生，不要在别人的思想引导下选择人生。借鉴别人的精妙之处，观察别人的成熟之路，倾听别人的经验之谈，都可以，但自己要有方向，明确自己在做什么，是否有信心做好。思维一直掌握在自己的范围中，选择最合适自己的。

你应该相信自己，相信"天生我才必有用"。只要你认准了路，确立好人生目标，然后向着目标心无旁骛地前进，相信你一定会到达成功的彼岸。

你所做的事，别人不一定做得来。而且，你之所以称为你，必定有些相当特殊的地方——我们姑且称之为特质吧，而这些特质又是别人无法效仿的。要是你不相信的话，不妨想一想：有谁的基因会和你完全相同？有谁的个性会和你丝毫不差？

所以，你应该相信：你存在于这世上的个性是别人无法取代的。

当然，不要幻想生活总是那么圆满，也不要幻想在生活四季中永远享受春天，每个人的一生都注定要经历沟沟坎坎，品尝苦涩与无奈，经历挫折与失意。

生活中的不幸，是人生不可避免的，而这些不幸早晚都会过去，时间会冲淡痛苦的感觉。把"这没有什么了不起"这句话在心中重复数次。绝不能因不幸的打击就变得憔悴万分，应即时振作起来，做你应做的事情。

不过，有时候别人（或者整个大环境）会怀疑我们的价值。所谓"三人言而成虎"，久而久之，连我们都会对自己的重要性感到怀疑。不要让这类事情发生在自己身上，否则你会一辈子抬不起头来。

记住，你有权利去相信自己，并且要始终坚定不移地相信：我一定行！

记住：你生来就是一名冠军！你是天生的赢家！

要充分肯定自己。你认为自己是怎样的人就会有怎样的表现，这两者是一致的。你认为自己是个有价值的人，结果你就会变成一个有价值的人，做有价值的事。

假如你希望自己变成更有自信的人，你就可以经常想：我是最好的！我是最棒的！当你脑海中重复想象自己最有自信时，你可以看到画面，听到声音。没多久，你就会发现，自己变得真的很有自信，你的行为也都会配合着你的思想去行动。你的思想改变了，行为也就会随着改变！

第五章 自强自信让人受益终生
—— 自强自信的人生态度为你加分

51 懂得适时肯定自己

成功人士都知道,在人生中他们可以控制的一个层面就是自己的想法。除了得到他人的赏识外,最重要的是先肯定自己,好好发挥自己的才能,尽自己最大的努力。

人们所欣赏的成功人物大都是通过竞争脱颖而出的人。他们具有常人所不具备的坚韧毅力,他们勇于拼搏、不断进取。

不断挑战自我,超越他人,崇尚竞争,才能使自己在激烈的竞争中脱颖而出。

人可以长时间卖力工作,创意十足,聪明睿智,才华横溢,屡有洞见,甚至好运连连,但是,假若人无法在创造过程中了解自己想法的重要性,一切都会落空。

在成功、财富以及繁荣的创造中,最重要的元素来自内心——你的想法。坚持一些特殊的想法,不论是好是坏,都会对性格和环境产生一些影响。人无法直接选择环境,但可以选择自己的想法。这样做虽然间接,但必然会塑造自身的环境。

假如你能够窥探成功人士的内心,你便会发现丰富的成功想法。

为了创造外在的财富,首先必须创造繁荣的念头。同时,必须看见自身成功的模样,成功地在心中演出你的抱负与梦想。

自然界有一条定律,弱者自有自己的空间。确实如此,无论强者弱者都有一套使自己适应环境的本领,只要你认真地活着,并不十分在意自己的强大与弱小,只要你拥有自己游刃有余的空间,充分发挥自身的优势,到那时,你的优势就会弥补你的不足,你定能获得他人或许苦苦求索也无法得到的东西。

"寸有所长,尺有所短。"这个世界上没有十全十美的人,但一定要相信自己是不可替代的。要为我们拥有的东西感到快乐，在快乐中追寻我们的理想。要用独特的自我来打造自己的信心，相信自己永远是不可替代的。

你不比任何人强，但也不比任何人差。你不必拿自己和其他人比较，来决定自己是否成功，应该拿自己的成就和能力来决定自己是否成功。

励志成功大师拿破仑·希尔指出：在每一天的生活中，假如你都能尽力而为、尽情而活，你就是"第一名"！

相信自己是不可替代的，乃是获得成功不可或缺的前提。怀有信念的人是了不起的。他们遇事不退缩，也不恐惧，就是稍感不安，最后也能自我超越；他们健壮而充满活力，能解决任何问题，凡事全力以赴，在做每一件事情之前都会大声地对自己说："我是不可替代的。"最终成为伟大的胜利者。永远坚持自己的主见，难题才能成功破解。

遗传学家告诉我们，每个人的基因都是由24对染色体结合而成的。阿姆拉姆·善菲尔德在《你与遗传》里说："每个染色体里面都有成百个遗传基因，每一个基因都能改变你的生命。所以在这个世界上你是独一无二的，这是你的财富和骄傲。"任何创造性的劳动都是个性鲜明的，而上天给你的正是独一无二的个体和个性。

有人认为任何称得上艺术的作品都是"自传性的"，因为他必须具有独一无二的个性，就如同世间找不到第二个雷同的复制品一样。

要取得事业成功、生活幸福，重要的是要有积极的心态，要敢于对自己说："我行！我坚信自己！我是世界上独一无二的人！"

52 用自信添加成功的资本

拥有自信不是什么困难的事情，但也不完全是那么简单的事情。想要拥有自信，首先就是要了解什么是真正的自信，用自信添加成功的

第五章　自强自信让人受益终生
——自强自信的人生态度为你加分

资本。

真正的自信与外在的物质毫无关系。假如你是因美丽而自信，当你年老色衰时怎么办？假如你是因为金钱而自信，世事无常，钱财散光那天你会怎么办？假如你是因为拥有权力而自信，失权那天你会怎么办？

信心是一种心境，有信心的人不会在转瞬间就消沉、沮丧。以自信的心态行事的人们，以胜利者心态生活的人们，以征服者心态傲行在世界上的人们，与那种以缺乏自信、卑躬屈膝、唯命是从的被征服者心态生活的人们相比较，他们的人生路将会有天壤之别。

任何一个人都可以随意做自己喜欢的事，但是要做一个能够自制的人却并不那么容易，这就好比是向自己的惰性挑战，滋味当然比不上随心所欲来得舒服。

有了自制能力，你才能掌握行为的对错与方向。因为有了自制的能力，才有可能兑现对自己的承诺。兑现了对自己的承诺，你才会相信自己，并最终抵达目标。

办公室同事起哄要去吃大餐、唱卡拉OK时，你为了下班后的自我进修而舍弃不去；当一群人在身旁大谈办公室闲话时，你即使知道再多的内幕，也可以克制住不去插一嘴；当有人以各种好处收买人心，大部分获利的人都在窃喜时，你却仍然不为所动……

这些在生活中培养出的自制力，会让你成为一个有原则、有所为有所不为的人，这些都可以为你累积自信的实力与基础。

假如你想征服整个世界，你就应先征服自己，能征服自己的情感也就征服了生活。信心能够感染你周围的人，更能带来成就与财富。假如你是位领导者或发起人，你的信心将会直接影响下属和跟进者的信心，尤其是在关键时刻，就更应该表现出你的自信与冷静。假如你本人都已丧失了信心，其他人一定会更加慌乱，更加不知所措。

假若你有自制力，也了解自己，而且对自己诚实，但如果缺乏实践，一切还是空谈。

实践可以从任何一件事情开始。从现在开始，为了激发出或许你自己都不知道的潜能，你可以决定每天做一件你不喜欢的事情。或许你原本很不喜欢与人打交道，今天却试着主动与朋友们打招呼问好；或是最讨厌胡萝卜的味道，但是你愿意午餐时尝试吃这道菜。当你开始实践时，你会发现种种生活中的小创意和发现，都在等着你去挖掘。

还有一种方法就是给自己一项任务，这个任务由自己来决定，它可以是保持房间随时干净清爽一个月，可以是每个月造访一个陌生的城市、乡镇，也可以是每星期呆在图书馆两个小时，或是连续两个月不化妆……

无论是什么样的任务，只要你去认真投入地实践，你将会渐渐看到自己越来越多的可能性，你也会开始认知生命的多彩与丰富，自信也会张开双手去迎接你。别忘了，一定要去实践！

53 自信是指引人生小舟航向的罗盘

自信的树立乃是基于两个基本因素：一是对自己在充分认识基础上产生的肯定；二是以积极的心态对待身边的事物。

人生前途的成败得失、幸福与否，关键在于自信的有无。这一点美国旅馆大王、世界级的巨富威尔逊的经验可以给我们启示。

威尔逊在创业之初，全部家当仅有一台分期付款来的爆米花机，价值50美元。第二次世界大战结束后，威尔逊做生意赚了点儿钱，便决定从事地皮生意。假如说这是威尔逊的成功目标，那么，这一目标的确定，就是基于他对自己的市场需求预测充满了信心。

当时，在美国从事地皮生意的人很少，由于战后人们一般都比较穷，买地皮修房子、建商店、盖厂房的人很少，地皮的价格也很低。当亲朋好友听说威尔逊要做地皮生意时，异口同声地反对。

第五章　自强自信让人受益终生
——自强自信的人生态度为你加分

而威尔逊却坚持自己的主见，他认为虽然连年的战争使美国的经济不景气，但美国是战胜国，它的经济会很快进入大发展时期。到那时买地皮的人一定会增多，同时，地皮的价格会暴涨。

因此，威尔逊用手头的全部资金加一部分贷款在市郊买下一片很大的荒地。这片土地由于地势低洼，不适宜耕种，所以很少有人问津。但是，威尔逊通过实地考察后，还是决定买下这片无人问津的荒地。他认为，美国经济会很快复兴，城市人口会日益的增多，市区将会不断地扩大，必然向郊区延伸。在不远的将来，这片土地一定会变成黄金地段。

之后的事实果然如威尔逊所料。不出3年，城市人口剧增，市区迅速发展，大马路一直修到威尔逊买的土地的边上。这时，人们才发现，这片土地周围风景宜人，是人们夏日避暑的好地方。因此，这片土地的价格倍增，许多商人竞相出高价购买，但威尔逊不为眼前的利益所惑，他还有更长远的打算。之后，威尔逊在自己这片土地上盖起了一座汽车旅馆，命名为"假日旅馆"。因它的地理位置好，舒适方便，开业后，顾客盈门，生意十分兴隆。从此以后，威尔逊的生意越做越大，他的假日旅馆逐步遍及到世界各地。

威尔逊的经验告诉人们：自信与人生的成败息息相关。然而在日常生活中，自卑感往往伴随着许多人，如何摆脱自卑、获取自信呢？

在非洲曾有一个农场主，一心想要发财致富。一天傍晚时分，一位珠宝商前来借宿。农场主对珠宝商提出了一个藏在他心里几十年的问题："世界上什么东西最值钱？"

珠宝商回答说："钻石最值钱了！"

农场主接着问："那在什么地方可以找到钻石呢？"

珠宝商回答道："这就难说了。或许在很远的地方，也有可能在你我的身边。我听说在非洲中部的丛林里蕴藏着钻石矿。"

第二天早上，珠宝商离开了农场，四处收购他的珠宝去了。农场主却激动得一宿未合眼，并马上做出一个决定——将农场以低廉的价格卖给一位年轻的农民，就匆匆上路，去寻找远方的宝藏。

第二年，那位珠宝商又路过农场。晚饭后，年轻的农场主与珠宝商在客厅里闲聊。突然，珠宝商望着书桌上的一块石头两眼发亮，并郑重其事地问年轻的农场主这块石头是在哪里发现的。农场主说就在农场的小溪边发现的，有什么不对吗？珠宝商很惊奇地说这不是一块普通的石头，这是一块天然钻石。之后，他们在同样的地方又发现了一些天然钻石。之后经过勘测发现：整个农场的地下蕴藏着一个巨大的钻石矿。而那位去远方寻找珠宝的老农场主却一去不返，据说他成了一名乞丐，最终跳进尼罗河里了。

对自身的资源充分了解，也就树立了自信的前提。最可贵的宝藏往往不在远方，而在于我们自身，这也是我们树立自信的客观基石。

54 告诉自己我能行

诗人、作家歌德说："人的一生中最重要的就是要树立远大的目标，并且以足够的才能和坚强的忍耐力来实现它。"

我们几乎随处都能见到这样的人，他们一生都做着简单而又平常的事，他们似乎也因此就满足了，但事实上他们完全有能力做一些更复杂的事，他们不相信自己能胜任。

很多人没有足够的进取心来开创自己伟大的事业，因为他们的期望值很低，不可能从一点一滴做起，开创一项伟大的事业。生活目标的狭隘限制了他们确立宏大的进取心。

雄心壮志使得美丽的人生有了可靠的基石。它督促人们去完成任务，帮助人们去抵抗那些足以毁灭人们前途的诱惑。

假如人类没有创造世界和改进自身条件的雄心壮志，世界将会处在多么混沌的状态啊！

第五章 自强自信让人受益终生
——自强自信的人生态度为你加分

和为了实现雄心壮志而进行的持续努力相比，没有什么东西可以如此的坚定人们的意志。它引导人们的思想进入更高的境界，把更加美好的事物带进人们的生命。

有什么比追寻生命价值更高尚的理想吗？在不同的文明下，人们的理想也不同。一个人或一个国家的理想与其现实条件和未来发展潜力是息息相关的。

每个人身上都有最优秀而独特的地方，这份优秀只属于你自己。而一个人成功与否，取决于他能否发现自己的优势，并全力将它发挥出来。只有了解自身的优势，最大限度地发挥自身的专长，才能让你登上人生的绚丽舞台。

我们要通过正确地评价自己来发现自己的长处、肯定自己的能力。自我评价的方向和内容对人自身有很大的关系，只看自己的缺点好像千百遍地听人说"你这不行，你那不行，不准干这，不准干那……"但从来不知道自己哪儿行、不知道要干什么，这种情景是令人非常绝望的。然而，如果自我评价的方向是正面的、自我肯定的，能够准确发现自己有长处有优势，自己不仅会由此产生积极的情感体验，同时将更有可能发展出好的行为，产生良好的结果。

因此，让我们大声地告诉自己："我能行！"

55 永远相信自己

永远相信自己，无论你拥有怎样的雄心壮志，都要集中精力为之努力，而不要左顾右盼、意志不坚。不要给自己留畏缩的退路，要一心一意为了理想而奋斗。只有集中精力才能获得自己想要的成功。

在人的一生当中，总会遇到各种困难与挫折，在这种情况下，要勇敢地对自己说声"我能行"。

每个人都渴望成功,但是在成功路上总会充满荆棘,如果你放弃,那么你永远不会成功;如果你不断地坚持,告诉自己能行,总有一天你会得到成功。

卡耐基说:"要想成功,必须具备的条件是:以欲望提升自己,以毅力磨平高山,以及相信自己一定会成功。"永远相信自己,假如你真的能做到,那么你离成功已经不远了。

假若你的动力足够大,那么与之匹配的能力也将随之而至。在你面前如果有十分有吸引力的奖品在激励着你,那么,你一定可以变得更加敏捷,更加细致而勤奋,更加机智而思虑周全,而且会有更加稳健清晰的头脑,你也一定会获得更好的判断力和预见力。

每个人都有巨大的潜能,只是有的人潜能已苏醒,有的人潜能却还在沉睡中。任何成功者都不是天生的,成功的关键在于开发出了无穷无尽的潜能。只要你能持有积极的心态去开发自我的潜能,就会有用不完的能量,你的能力就会越用越强,你离成功也就会近在咫尺了。反之,假如你抱着消极的心态,不去开发自己的潜能,任它沉睡,那你就只能自叹命运不公了。

曾有一个农夫在高山之巅的鹰巢里捉到一只小鹰,他把小鹰带回家中,养在鸡笼里面。这只小鹰与鸡一起啄食、嬉闹和休息,它认为自己也是一只鸡。这只鹰渐渐长大了,羽翼也丰满了,主人想把它训练成猎鹰,可是,因终日与鸡混在一起,它已变得与鸡完全一样了,根本没有飞的能力了。农夫试了各种各样的办法,都毫无效果,最后把它带到了山顶上,一把将它扔了下去。这只鹰,像一块石头似的,直掉下去,慌乱之中它拼命地扑打着翅膀,就这样,它终于飞了起来。

或许你会说:"我已懂你的意思了。但是,它本来就是鹰,不是鸡,它才能够飞翔。而我,或许原本就是一个平凡的人,我从来没有期望过自己能做出什么了不起的事情来。"这正是问题的所在——你从来没有期望过自己做出什么了不起的事来,你只把自己钉在自我期望的范围内。

事实上，开启成功之门的钥匙，必须由你自己亲自来锻造，而这正是释放你的潜能、唤醒你的潜能的过程。

56 满怀必胜的信念

石油大王洛克菲勒曾说过："即使拿走我现在的一切，只留下我的信念，我依然能在 10 年之内夺回它们。"虽然这仅仅是一个假设，但我们可以看到信念对于一个人的重要。

当然，信念需要行动来贯彻，假若怀抱着一生的信念，却守株待兔，那你至多只是个空想主义者。一张地图，无论多么详尽，也不能把你带到目的地。只有行动，才能把你送到想去的地方。而行动，正是通过信念来指导的。

我们一般不会察觉，我们所有的行动都是符合一个信念框架的。每个行动的背后都有一个正面的意图。我们所做的事情总是有某些依据、某些目的，但做出行为的那一个人并不是马上就可以看清楚这些，至于观察这个行为的其他人，就更不用说了。

我们的行动就是信念的证据。信念对行动的影响有正面的也有负面的效果。假若影响行动的一个自我信念是这么说的："我是一个思想自由的人，我就是我自己，我不是一些琐碎规矩的奴隶。"这个行动就有了一个解释，并且会归因于那个信念。但是，假如另一个自我信念说："我是杂乱无章的。"这个行动就很有可能连同其他数以百计的没有其他明显理由的行动，在"我是杂乱无章的"这个心理架构里找到安身立命的所在，并且不断支撑和增强这个信念。这样，这个杂乱无章的自我形象就会更加强化了。在日常生活中，这一类令人丧失力量的信念越强，就有越多的日常行动受它们的影响。

由此，对于信念，就有一个去伪存真的任务。辨别好的信念，自我暗示好的信念，就等于为自己建了一座稳固的灯塔，找到了一处甘泉的源头，就是成功的保证。

57 用胜利坚定自己的信心

　　用胜利坚定自己的信心，成功的法则应该是放松而不是紧张。直面你的责任感，放松你的紧张感，把你的命运交付于更高的力量，真正对命运的结果处之泰然，在你成功时，你的自信也会得到强化。

　　你对自己有自信吗？你对于自己有过高的评价或认同吗？若回答"是"，你就会有一个很棒、很自信的自我；假如你对自己有一个很卑微的看法，并且也不太尊敬自己，那你就会有一个软弱的自我。

　　你就是你的镜子。你在任何时候都应该尽自己所能，尽量做到完美，即使是有时候你的最好可能是"1"，而在其他的时候你的最好可能是"10"的水平。你不必因自己无法完全地表现出自己最好的能力而感到羞愧。或许在当时这种水平已经是够好的了，你要了解你一直都会感受到那些超越自己能控制自己的力量。你能够控制的事情仅仅是你的态度、观点，以及情绪。

　　在你生活中的某个片段上，你会感到特别强烈的自信吗？你做什么能够比其他任何人做得都好吗？在你的生活中，你做的最成功的事是什么？假若你在某件事上变得比以前更好，你会发现自己好像一个胜利者，你的自信会在那个领域上强化，并且改进你在所有领域上的自我。

　　然而，在你坚定自信这一过程当中，第一步就是找出你人生中最擅长的或最想要改进的东西。一旦你决定它是什么时，你会变得更擅长这项工作。

　　首先，设定一个基础线，就是决定你现在要如何来做它。接着，决

第五章　自强自信让人受益终生
——自强自信的人生态度为你加分

定你想要用什么方法来把它做得更好，不管是什么目标都可以适用。现在进入你想达到的水平，并且朝那个目标努力，持续下去，直到你成功为止。不断与自己竞争，你就会成功。你能适应这种成功的习惯，就会胜利，同时你的自信也会很快得到改善。

你若一遍又一遍对自己说"我不行"，你确实无法成功，因为意志的妥协会让你在困难面前轻易退缩，自然也就不会为战胜困难而付出努力了，最终的结果是你当然无法取得成功。而这失败的结局又成为你自我判断的新佐证，令你更加确信自己不行。如此长时间反复，你最初或许只是出于胆怯或是谦虚而对自己做出的评判，居然就变成了事实，这可笑的结局难道不正是"说不行就不行"吗？

假如仅仅是因为缺乏根据的主观原因而底气不足，那你最好放弃对自己的判断，尝试着给自己一个全新的提示："我没做过这事，怎么知道自己不行？他人说难办，那说明他们的经验有限，要知道自己跟他们并不一样，要具体情况具体分析，究竟行不行，先试试再说。"而这实际上是在暗示，只要你勇于尝试，你就能行。凭着这种积极的心理暗示，你就为自己提供了无限的精神动力。自信心就好比是埋藏在人们心中的一颗种子，它在适当的土壤与气候的滋养下，就会萌发并茁壮成长。自信可以说是强者的品质，它不是盲目地自以为是，而是有必胜的信心和意志，相信通过自身的努力与奋斗绝对能达到一定的目标，取得一定的成绩——这就是人们应该培养的积极的心理暗示。无数事实证明，只要意志不输，你就是无往不胜、不可征服的。

一千次的失败能换回一次的成功，他就是一位伟大的人。千万不要在败给对手前就败给自己。把所有的顾虑、所有的担忧都抛到脑后，不管遇到多么大的困难，也要笑着告诉自己："我能行！"不管面对多大的压力，也要轻松地给自己打气："我能行！"

许多人在竞争中失败，并不是由于自身的失误，他们不再进取的原因仅缘于不相信自己能行。他们中的一部分人缺乏坚韧、目标和意志，而其他一些人则缺乏决断力与勇气。这些不幸的人假如能再坚持一下，或许就可以获得成功了。

58 学会自我欣赏

　　学会适当地自我欣赏对每个正常人来说，都是一种很健康的表现。为了从事某种工作或达到某种目标，适度关心自己是十分必要的。

　　在这个世界上，每个人都是独一无二的。因此，我们有理由保持自己优秀的个性。我们不该再浪费任何一秒钟，去忧虑我们与其他人的不同点。我们应该尽量利用大自然所赋予自己的一切。

　　快乐是一种内在的温暖，快乐孕育希望，创造幸福，衍生奇迹。快乐的人无论走到哪里，都会在周围掀起一股积极向上、充满希望的热潮。生命如同四季，每个人希望春意常驻，这需要你自己来孕育绿色，孕育希望。

　　喜欢自己，是否像喜欢别人一样重要呢？可以这么说：憎恨每件事或每个人的人，只是显示出你的沮丧与自我厌恶。

　　哈佛大学的心理学家怀特曾在他的著作中提到：现今有一种观念极为流行，那就是"人必须调整自己，以适应周围环境的各种压力"。他还指出，这个观念是基于一种理想，也就是"人能毫无问题地适应各种狭窄的管道、单调的例行公事、强制性的规定及达成角色任务的种种压力等。但其采取的行动是否成功，则须看其是否具有拒绝、帮助成长或是改进角色的能力，并且要创造、表现出积极的力量——换句话说，就是其成长过程当中，要具有创意性的方针和态度"。

　　假如周围的环境与你的个性格格不入，你就会变得神经质或不快乐，会感到失落和迷惑——会不喜欢你自己。

　　为了学会喜欢自己，你必须培养出面对自己缺点的耐心，这并不意

第五章 自强自信让人受益终生
——自强自信的人生态度为你加分

味着你必须降低水准，变得懒惰、糊涂，或不再尽心尽力。而是你必须了解一个事实：没有人——包括你自己——能永远达到100%的成功率，所以，期待别人完美是不公平的，期待自己完美则是愚蠢荒唐的。人只有真切地读懂自己，才能使别人欣赏你。所谓完美主义者其实也如同一般人一样，也会犯错、会失败，但他所不同的就是忍耐力，能将痛苦变成动力。只有这样，才能真正地面对自己并欣赏自己。

千万别苛求自己。有时候，要学会慢慢地接受自己。

有位医师曾说道："人们惯常在晚上休息时冥想当日的各种活动。这种单独冥想的习惯，显然是学习如何与自己相处的好办法。"

只有与自己好好相处，其他人才会喜欢与你在一起。

59 每个人都有潜力

任何一个人都带着成为天才人物的潜力来到人世间，你也带着幸福、健康、喜悦的种子来到人间。正常的人脑与生俱来就有记忆、学习与创造的巨大潜力，你的大脑也一样，而且能力比你所能想象的还要大。

人脑的力量令人敬畏，却也难以捉摸，唯有先懂得如何去开发脑中的无限潜能，才能真正运用这份力量。我们首先必须接受一个观念，那就是真心地相信自己与生俱来的潜力还没完全展现出来。

人能擅用自己心智，不过百分之五六。人能运用自己才能，不过十分之一二。人多分心，心有旁骛，加上俗世琐务，不可能全神贯注，全力以赴。人对自身很多的潜力，既未能掌握，甚至亦未知透彻。其实，这种力量本来就蛰伏在人的体内、脑里、心中，只是一般人既不懂得善加运用，甚至也不知道它的确存在而已。

每一个人思想的清泉都深不可测，蕴藏着从未发现过的能量、智慧与才干。将这些宝藏挖掘出来，你便会创造令人惊诧的奇迹。但是很多人都不知道自己的灵魂中有一座无穷智慧的"金矿"，这座沉睡的金矿叫作"潜能"。

其实，每个人都隐藏着极大的潜力，但是这种潜力很难被人激发出来，却被我们埋藏在心里，甚至一生一世都不可能发挥出来。而一旦这种潜力发挥出来了，我们就可能战胜很多不能想象的困难。只要你能打开心灵的眼睛，就会看见内心深处那能量巨大的宝库。

人们常常习惯于表现自己所熟悉、所擅长的领域，但假如我们愿意回首，细细检视，将会恍然大悟：看似紧锣密鼓的工作挑战，难度渐升的环境压力，不也就在不知不觉间养成了今日的诸多能力吗？因为，人确实有无限的潜力！

既然任何一个人都有无限的潜力，那么每个人都有成功的机会，关键是看你是否能发挥出来，学会通过勇敢与坚强来不断地挖掘潜能，超越自己的极限，将自己打磨成一块熠熠生辉的金子，给梦想插上激情的翅膀！

60 自信能让潜能开花

潜能是深埋地下的种子，假如没有自信之泉的滋润，同样很难长成参天大树；自信，是使潜能发挥作用的魔戒。

人是一块金属，自信就是金属的磁性。一块磁化了的金属可以吸起数倍于自身重量的物体，一旦失去了磁性，却连一根羽毛般重量的物体也吸不起来。

世界上同样也存在两种人：一种是有磁性的，他们充满了自信，生来就知道干什么会成功；另一种是没有磁性的，他们内心充满了恐惧和疑虑。当机会来的时候，他们常说："我不行。我可能要赔钱。人们会笑我的。"这种人在生活的道路上不会走得太远，因为他害怕往前走，

第五章 自强自信让人受益终生
——自强自信的人生态度为你加分

老是原地不动。

自信的磁性，还表现在能唤醒人的潜能。

闻名于世的哈佛大学心理学家威廉·詹姆斯教授有这样的结论：一个普通人仅使用了他头脑能量的10%，他有无穷的力量——可是他使用得极为有限。他身边都是取之不尽的财富，然而他却不知该如何去抓。这就是一般人，上天所赐的无所不能的力量在他体内沉睡。

天才并非是天生的，而是潜能得到后天开发而造就的。

人生来就是平等的，为何创造力会有大小之分、会有成功与失败之分呢？一方面是客观环境的原因，另一方面是人本身的原因。然而不论内因外因，关键在于天赋与潜能是否被充分开发和释放。由此，从这个意义上说，成功学就是一门开发潜能、应用潜能的学问。

每个人都拥有极大的潜能，尤其是在危急状态下，这种潜能得以释放的机会就更多。

积极的心态之所以会使人走向成功，就是由于相信每个人都有巨大无比的潜能等待我们去开发；消极的心态之所以会使人懦弱无能，走向失败，就是由于他们放弃了伟大潜能的开发。

自信是潜能之母。当今的心理学、逻辑学、生物学、人类**学都已研**究证明，任何一个人都存在巨大的潜力。

一个人假如发挥了自身潜能的一半，那么，他将掌握几十种外**语**，学完几十门大学专科的课程，可以将叠起来几个人厚的世界百科全书背得滚瓜烂熟。既然我们每个人都有如此巨大的潜力，那我们为什么不相信自己必将有所作为呢？

自我实现的需要是人最**高层次的**需要。正如你需要空气、阳光一样，你也需要发挥自己的潜能，而自信正是挖掘内在潜力的最佳法宝。相信自己，你才敢于奋力追求实现自身的价值，**也才会激**发自己的潜能。

自信才能自立，自立者天必助之。我们所说的自信，并不是一句空话，也不是阿Q式的精神胜利法，因为我们每个人都有充足的理由去相信自己的能力。

自信是发挥潜能的前提。

一枚金币假如沉在海底,其价值等于零。只有将金币捞起来并且用在正道上,才能显出它价值的大小。

春天来了,轻柔的风吹拂着这个睡眼惺忪的世界,万物已开始复苏。这时,两颗种子也醒了,它俩正躺在一片肥沃的土壤里,憧憬着各自的未来。

第一颗种子说:"我一定要努力生长!我要向下扎根,让生命在土壤里变得坚强!我要'出人头地',让绿色的茎叶在风中舞蹈,去歌颂春天的到来!

"我还要开出美丽的花朵,结出丰硕的果实,这样我既可以感受春晖照耀脸庞的温暖,也可以体味晨露滴落花瓣的喜悦,还可以体悟生命成熟的真谛!"

第二颗种子却皱着眉头,声音颤抖地说:"我可没有你那么自信!向下扎根,或许我会碰到坚硬的石块;用力往上钻,有可能会伤到我脆弱的茎;长出幼芽,难保不会被蜗牛吃掉;开出美丽的花,小孩看了会连根拔起;结出果实,还会被不劳而获的家伙偷偷摘去。"

第一颗自信的种子变成了行动,它开始萌芽了。

第二颗没自信的种子则继续瑟缩在自认为非常安全的土壤里。

几天后,一只母鸡在庭院里觅食,第二颗种子就这样不声不响地进了母鸡的肚子。

第一颗种子一直在努力地生长。它受过伤、挨过冻,它被人踩踏过,被蜗牛啃食过,它哭过、笑过。但是,它始终相信自己能战胜这一切困难。每当寒夜侵袭,一切沉寂下来时,它也会不时地感到一种难以抑制的孤独与凄凉。但它总是一遍又一遍地对自己说:"我相信自己!我不会放弃!因为我有梦啊!"

终于有一天,它长大了,开出了娇艳的花,结出了累累的果实。它

第五章 自强自信让人受益终生
—— 自强自信的人生态度为你加分

笑了，很开心！

同样的生存空间与生活环境，却造就了两种截然不同的生活方式，形成了两种不同的生命结果。其实，比起第一颗种子来，第二颗种子并不缺少什么，它所缺乏的仅仅是信心和勇气。

南宋著名哲学家陆九渊说："人之知识，若登梯然，进一级，则所见愈广。"

人类的潜能也是如此，没有自信这架可供攀登的梯子，同样是不能登高览胜的。自信是战胜一切困难的重要武器，自信是潜能之母。

61 执著追求，永不言败

英国诗人、政治家弥尔顿有句名言："谁最能忍受苦难，谁的能力最强。"因责任的感召，很多最伟大的人的工作都是在苦难考验和困境中完成的。他们乘风破浪，顽强拼搏，到达岸边时已筋疲力尽，却欣赏到了人生风浪的无比壮美。

人生是一场抗争，人生转瞬即逝，所有的经历，只是一场与命运的抗争。困难可以检验一个人的品格。任何一种障碍，假如不能完全挫败我们，就会产生一种相反的效果；如果我们尽全力去抵抗挫折，挫折也同样将超乎寻常的伟大豪迈之情灌注于我们的心灵。在集中精力克服障碍时，我们鼓舞了斗志，感悟了人生。

一只蜜蜂不小心撞进了蜘蛛网。它立即猛烈地挣扎，可是柔韧的丝网紧紧地粘住了它，它只好慢慢地停止了挣扎。就在这时，远处的蜘蛛发现了即将到口的美餐，开始缓缓地向蜜蜂靠近。

10厘米，5厘米，马上就要……突然，蜜蜂再度开始奋力鼓动双翼，扭动身体，整张蜘蛛网在它顽强的挣扎中战栗起来，蜘蛛只好减速。

时间慢慢地流逝，蜜蜂的挣扎渐渐地放缓了。蜘蛛已逼近了蜜蜂，蜜蜂的抗争似乎变成了徒劳。但是，它仍然奋力地扭动身体，鼓动双翼，几乎是用尽全身每一分力量，做着最后的抗争。

只要生命中还有一丝的希望，奇迹就能够出现。果然，在蜜蜂马上就要被蜘蛛吞食时，在蜜蜂挣扎到生命的尽头时——刮起了一阵狂风，蜘蛛网被吹得支离破碎。

蜜蜂得救了。

它用生命的奇迹验证了一个真理：在任何时候、任何情况下，我们都不应该绝望，都不应该放弃对厄运的抗争。

逆境是品格的试金石。正如一些香草需要被捣碎才能散发出醉人的芳香，有些人也需要通过苦难的磨炼来唤醒他们优秀的品性。

生命，就是这样一个过程，其中充满了奋斗与抗争。

失败的对面是成功，幸福能转化为不幸，苦难也能转化为幸福。失败能够磨炼和美化人的个性，失败教人以耐心和坚忍，人们从失败的痛苦中提升出最深邃和最高尚的思想。假如没有失败，人们就不会有顽强的拼搏，更不会有成功的喜悦。

失败是一种体验，更是一种督促。它是一面镜子，映出遥遥无期却又近在咫尺的成功。

老张下岗了，他在农村老家承包了一片荒山，开始种树。5年过去了，荒山披上了绿装。

收获就在眼前。老张每天都望着郁郁葱葱的树林，发出会心的微笑。

不幸发生在那年深秋，一道激烈的雷电引发了一场山火，无情地烧毁了那片让老张充满了希望的山林。悲伤过后，老张决定向银行贷款，以恢复山丘曾经的勃勃生机。可是银行拒绝了他的申请。

老张又失望又难过，茶饭不思地在家里躺了好几天。他去县城散心，走到一家店铺门口，发现有很多家庭主妇在排队购买冬季取暖的

第五章 自强自信让人受益终生
—— 自强自信的人生态度为你加分

木炭。

看到那一截截堆在箱子里的木炭，老张眼前忽然一亮。

回到村里，老张雇了几个村民，把山坡上烧焦的树木加工成优质木炭，分装成几百箱，送到县城和邻县的木炭分销店。不久，所有的木炭便被抢购一空。当然，老张也赚到了一笔数目可观的钱。

第二年春天，老张又购买了一大批树苗，他的森林庄园，重新披上了新装。

事实上，在这个世界上，并没有绝对的失败。失败往往为我们提供对待问题的方法和态度。在大部分时候，埋没天才的不是他人，恰恰是我们性格中那懦弱的一面。

成功的路不止一条，假如我们是不懈的追求者，在挫折和失败面前，就永远不要停下前进的脚步。失败是滔天巨浪上的一座独木桥，勇敢地走过去，对面等着为你欢呼的，就是成功。

古希腊神话中有这样一个故事：

宙斯之子赫拉克勒斯，小时候碰到过两位女神，一位是美德，一位是恶德。

两位女神对赫拉克勒斯进行了品性测试。

恶德女神对他说："孩子，跟我走吧！包你有享受不尽的荣华富贵！"

美德女神对他说："孩子，跟我走吧！我将教会你怎样勇往直前，而你也必将在战胜艰险的过程中，变得无比坚强！你将得到极高的荣誉，得到生命中最崇高的快乐。但这一切都要你自己去争取。"

赫拉克勒斯想了想，毅然选择了美德女神。之后，赫拉克勒斯果然在一次次磨难中，变得坚强无比。他出生入死，战胜了无数毒蛇猛兽，为人类屡建奇功，成了希腊神话中首屈一指的英雄。

承认失败与挫折的存在，自觉地挑战磨难，是人生最理想的抉择。

生活是悲伤与快乐共存的世界。随着我们的生命车轮滚滚向前，呈现在我们面前的并不全是充满不幸和失败的深渊。只有经历了撕心裂肺的痛苦，才能品尝到无比甘美的成功。

推荐要点：

真正懂得维护自尊的人是能给别人应有的尊重的人，他的行为能赢得更多人的尊重，甚至可能改变一个人的整个生活。

人只有在相信自己是最棒的、是第一的时候，才会达到力量与精神上极度的巅峰状态，进而带来强烈的行动力与决断力。

不要在别人的眼中选择人生，不要在别人的思想引导下选择人生。

生活中的不幸，是人生不可避免的，而这些不幸早晚都会过去，时间会冲淡痛苦的感觉，这没有什么了不起。

真正的自信与外在的物质毫无关系。信心是一种心境。

卡耐基说："要想成功，必须具备的条件是：以欲望提升自己，以毅力磨平高山，以及相信自己一定会成功。"永远相信自己，假如你真的能做到，那么你离成功已经不远了。

信念对行动的影响有正面的也有负面的效果。辨别好的信念，自我暗示好的信念，就是成功的保证。

成功的法则应该是放松而不是紧张。直面你的责任感，放松你的紧张感，把你的命运交付于更高的力量，真正对命运的结果处之泰然。

相信通过自身的努力与奋斗绝对能达到一定的目标，取得一定的成绩——这就是人们应该培养的积极的心理暗示。

期待别人完美是不公平的，期待自己完美则是愚蠢荒唐的。

失败的对面是成功，幸福能转化为不幸，苦难也能转化为幸福。

失败往往为我们提供对待问题的方法和态度。在大部分时候，埋没天才的不是他人，恰恰是我们性格中那懦弱的一面。

第六章 必须绕过的性格陷阱
——正视缺点为你加分

每个人都有自己的长处,也会有自己的缺点。如果对这些缺点采取视而不见的态度,那么缺点将长期存在,绝不会自动消失,而且常常会成为生活和工作中绕不过去的陷阱,使我们在追求成功与幸福的道路上举步维艰。只有正视缺点和不足,并不断加以弥补和修正,才会跳过这些陷阱,摆脱过去的阴影,自信满满地奔向梦想中的未来!

62 人都会有弱点

世界因人的存在而变得更美好。每个人都是一个完整的个体，都有着不同的弱点。弱点并不可怕，最可怕的是明知道自己的弱点却不去改变。

人性的弱点是每个人在迈向成功的过程中最强劲的对手。

在这些弱点中，并不能简单地用对和错来解释，许多都是伴随生命体与生俱来的。

人性中有各种各样的弱点，多得我们自己都难以发觉。我们有时会认为一些弱点是天生的性格问题，其实，多数弱点是由于后天众多事情造成我们性格上的缺陷。

俗话说："江山易改，本性难移。"或许，人的性格是难以改变的，但我们一定可以慢慢克服自身的很多弱点。

只要善于发掘、培育自身的优点，克服自己的弱点，总能找到适合自身优势发展的土壤。

抓住自己性格的内涵，是为了更好地剖析自己人性中的弱点。我们只有通过自身的努力，克服弱点，发扬优点，才能清晰地把握住自己的人生，那么，我们希望达到的目标就会在眼前。

人最难克服的弱点一般有八种：

一是公平论。事事要求绝对公平，总是抱怨对自己的不公平，嫉恨比自己强的人。

二是应该论。许多人的情绪被"应该论"操纵。例如我对某人好，某人就应该对我表示感谢；我喜欢他/她，他/她就应该喜欢我，否则，就会郁郁寡欢甚至走上极端。这也是一种潜意识要求公平的心理。

三是依赖症。有的人依赖于异性，一旦离开，便无法支撑起自己的情感生活。摆脱这种情感陷阱的最好办法是要人格独立。

四是寻求肯定。许多人把获得他人的赞许和肯定作为自己的一种强大的支配力量，其实质是"不相信自己"。

五是过分要求完美。过度完美主义者要求自己或别人的所作所为一定要十全十美，到头来，却使自己或别人变得无法接受。在某种程度上这实际是一种轻度的强迫症。

六是自封心。具有自封心的人，总是借口秉性难易，不愿再改变自己，发展自己。其实是害怕约束自己，企求原谅自己。

七是内疚心理。过份的内疚是一种畸形责任感，就是主动承担本来不是自己的责任，这种心情自然是对身心极有害的。

八是疑心病。有些人总是疑神疑鬼，总是虚构一些因果关系去解释别人为什么会有这样的举止言谈。如见到别人小声交谈，就认为是在议论自己。

每个人的性格当中都有或多或少的缺陷，不过，一旦我们能够善于避开它们，这些缺陷也就不足为奇了。

了解自己的性格缺陷，并自觉主动地加以纠正，有助于我们的身心健康。如果明知自己的缺陷而放任自流，你的一生将永远与成功无缘。要努力克服自己的人性弱点，培养自己优良的性格，走向成功。

63 及时为自己的性格会诊

罗杰·安德生说："每个人的性格都有优点和缺点。一味去弥补自己性格缺点的人，只能将自己变得平凡；而发挥自己性格优点的人，却可以使自己出类拔萃。"

一个人的性格特征将决定着其交际关系、婚姻选择、生活状态、职业选择以及创业成败等等，从而根本性地决定着其一生的命运。如果将一个人比作一栋大厦，那么性格就是这座大厦的钢筋骨架，而知识和学问等则是充斥于骨架中的混凝土。钢筋骨架决定着大厦能建成高耸入云的摩天大楼还是低矮的简易楼房，性格决定着你的一生是悲剧连连、平平庸庸还是建功立业、让人敬仰。

每个人的人生道路都不可能是一帆风顺的。外部环境不顺利时，要学会充分地调节自我的情感，及时调整好情绪。一旦学会利用性格的优点，避免性格的缺点，你的人生就有可能立于不败之地。

既然性格决定着一个人一生的命运，那我们就要正视自己的性格缺点，合理地利用自己的性格优点，这样才能达到成功的顶峰。不能正视自己性格缺点的人，只能在成功的脚下徘徊。我们可以列举出自己身上一长串性格的优点，也可以列举出一系列性格的缺点。然而性格的优点和缺点，就像一个硬币的两面，它们相互依存、相辅相成，谁也不可能离开谁。"最大的长处所在，往往也是最大短处的根源；最大优势的发挥，常常暴露出最大的劣势。"每个人只有看清自己的优点，明白自己的缺点，善待自己，不断地完善自己，才能取得成功。

知道了性格优劣及价值的悬殊以后，我们就应将目光投向自己的性格深处。

人类一方面贵为"万物之灵"，是大自然的最高主宰者，另一方面，人类也是有弱点的。19世纪墨西哥版画家阿·波萨特创作过一幅题为《七种不应有的恶习》的版画，画面上有七只魔鬼般的动物，张牙舞爪地扑向一个人。这七只动物分别代表懒惰、妒忌、谗言、骄傲、酗酒、发怒、吝啬7种恶习。其实，人类的恶习远不止这些，常见的还有愚昧、粗心、粗鲁、懈怠、轻佻、胆怯等等。

人的性格总会表现出二重性——既有优点，又有缺憾。人性的组合总会表现出许多矛盾，性格中相反的两极总是在互相抗争。积极因素如果战胜了消极因素，这个人便表现为良好的性格特征；反之，就会表现为低劣的性格特征。每个人的性格都是极其丰富和复杂的，一个人对世

第六章 必须绕过的性格陷阱
——正视缺点为你加分

界的认识很大程度上是从自我认识开始的。及时为自己的性格会诊，将使你张扬性格中的优点，舍弃或弥补性格中的缺憾，才会拥有更圆满的人性和人生。

与诗人歌德同时代的克乃勃尔这样评价歌德："我很知道，他不是完全可爱的。他有许多令人不快的方面，我也曾领略过。但他这个人整体的总和是无限好的。"尽管歌德的内心充满矛盾冲突，但他的每一种心态总是积极的、善意的。因此，歌德不仅是一个好人，甚至是一个伟大的人，虽然他称不上完美。

每一个热爱生活的人都应该使性格中积极的一面处于上风，并努力减少性格中的负面因素，只有这样才能使生活呈现无限的亮色。

不同的性格有不同的优点，同时，不同的性格也包含着不同的弱点。

人的每一种性格不可能是完美的，总会有这样那样的"毛病"，因此，及时为自己的性格会诊、定位是非常必要的。这个世界上的人没有最好的性格，只有更好的性格。你只有不断对自己的性格扬弃和优化，才会赢得理想的人生。

64 性格系统中的"木桶效应"

一只木桶能装多少水，完全取决于它最短的那块木板，这就是"木桶效应"；一个人性格的完美程度，完全取决于这个人性格中最弱的环节，这就是性格系统的"木桶效应"。

雨果认为：天才的特点，便是一切天才都具有的双重的反光，就像红宝石一样，具有双重的折射。

人的性格都具有这种双重性。它总是存在着表象与内质的对照，粗糙与细致的划分，高级与低级的区别。这些性格因素的互相交叉、排斥、渗透、转化，表现为性格的丰富复杂。

破译性格系统的"木桶效应"，你就要洞悉复杂性格的成因，替换性格中最弱的"短板"，从而使性格中最完美的一面展现在众人面前。

破译性格系统的"木桶效应"，即使构成你的性格"木桶"的木板都比较长，但总有一块相对较短的，起决定意义的就是那块最短的木板。换掉那块木板，你就铲除了性格中最大的弱点，性格系统中最大的隐患将不复存在。

破译性格的"木桶效应"，就要换掉最短的木板，就要铲除致命的缺陷。"苍蝇不叮无缝的蛋"，没有明显性格缺陷的你走在通往成功的路上，当然可以从从容容，不用瞻前顾后，畏首畏尾了。

性格比人性、人格的概念更为广泛，它既有天生的、遗传的因素，也有后天的、社会的因素。我们只有准确地把握性格决定行为的规律，才能对性格与成败的关系有深刻的了解。充分把握性格与生俱来的特征和后天环境造成的变化，才能准确地把握人的性格。

65 性格不是简单的1+1运算

性格不是简单的1+1运算，它是杂糅交汇的矛盾统一体。性格中的对立面可以相互转化，进而爆发出巨大的能量。

人的性格是多么的矛盾——美与丑、爱与恨、悲愁与欢笑、崇高与卑鄙总是复杂地交织在一起。高尚中有粗鄙、善良中有嫉妒，性格中任何一种成分都被对立的因素所排斥与抵消，直至达到理性与感性的统一。这些总是使你感到灵魂的深不可测与性格的异常多变。

读过张贤亮的小说《绿化树》的人们，都会被主人公章永璘那种在幻灭和复活间摇摆的灵魂所震颤。

这个出生于"资产阶级"家庭、被打成"右派"的青年诗人，带

第六章　必须绕过的性格陷阱
——正视缺点为你加分

着"原罪"走进人间，之后，又罪上加罪，于是被送进劳改农场。他在劳改农场的岁月里，由于饥饿的煎熬与种种苦难的打击，几乎变成了狼孩儿，灵魂也几乎死亡了。但狼孩儿身上毕竟还带着人的血液。因此，当他被释放出狱的第一天，听到海喜喜的忧伤的歌声时，唤起了他内心的辛酸，溢出了一滴人的泪水。这个开始复活的灵魂，最初仍然被饥饿无情地折磨，肉的空虚与脆弱的乐趣支撑他的沉重的灵魂，于是，他为肉的满足，不顾践踏自我人格而偷吃稗子面，不顾他人的辛酸而愚弄老实的卖萝卜的老乡。然而，他也意识到自己在堕落，他的心灵受到自我谴责的痛苦的折磨。在这种人生的十字路口上，他遇到了马缨花。这位善良而又泼辣、平凡而又伟大、圣洁而又鄙俗的女性，以火热的同情心与独特的爱情，使他恢复了青春活力，同时又唤醒了他早已熄灭的人的尊严，使他的灵魂得到一次真正的复活。

但是，他的灵魂新生后又决定向"情敌"海喜喜应战。他要以付出灵魂的另一面作为代价——"什么文化知识，见鬼去吧"，"有了筋肉，就有本钱"。

当他战胜海喜喜又被马缨花拒绝后，终于又引发了一场灵魂的震撼。马缨花的"还是好好读书"那句话，不仅扑灭了他带着邪气的肉的意念，同时也重新点燃了他追求知识和真理的火焰。然而，在这以后，他在马缨花面前的文化优越感又萌动了，此种优越感竟然使他感到拯救他灵魂的这位伟大女性的"粗俗"以及他们之间的距离。

在经历性格中鄙俗与善良的两种成分的排斥之后，他灵魂中的道义力量终于使他回到马缨花的身边，使他达到理性和感性的统一。这时，他的灵魂才真正实现了一次最大的凯旋。

它或许是一种杂糅、一种交汇，甚至是你中有我、我中有你，任何一个人都在性格的矛盾中挣扎着。

一个本性善良的人，是他性格中善良的成分与虚伪相减后的盈余。如一个善良的人没有私心，他的善良可能施之于爱人、朋友、邻里，却可能不会施予陌生人甚至乞丐。因而，善良是有局限的，一个人性格中所有好的方面都是有局限的。一个人可以称之为好人，正是其性格中好的因素减掉负面因素而有盈余的结果。性格中各种因素之间总是呈现一种复杂的存在关系。懂得这种存在关系的复杂性，对于我们了解性格，优化性格组合，十分有意义。

我们可以说李白是一个不可救药的乐天派，一个伟大的人道主义者，一个百姓的朋友，一个大文豪、大书法家、创新的画家、品酒师，一个皇帝的秘书、酒仙或者酒鬼、一个日夜徘徊者，一个诗人，但是这还不足以道出他的全部。一提到李白，中国人总是亲切而温暖地会心一笑，这个结论也许已经足以表现他的特质。

李白的性格中无疑交织着很多对立的矛盾，但这些矛盾并不能妨碍他成为伟大的诗人，或者说恰恰成就了他最终成为伟大的诗人。

性格中的各种因素，往往处于运动的状态。在外部环境的作用下，性格中的阴面与阳面可以相互转化。

日本曾有位叫山崎的商人，由于经商失败，经不住打击，失魂落魄地伫立在河边想投水自杀。河边的树叶在秋天的微风中摆动，他颓唐的眼睛茫然地望着流动的河水，那情景是美丽的，但根本吸引不了他。

这天刚好该地举行丰年祭，河水上面漂浮着各种各样祭礼用的生菜。他想：让这些生菜白白流走，实在是太可惜了，该想办法去利用它。原本一心想死的他，此刻却有了一种坚持活下来、大干一番不可的念头。他无神的眼睛开始发亮，心情也开朗起来。于是，他脱下衣服，急忙跳进水里，把河中所有的生菜都捡起来。他把拾起来的生菜切碎做成酱菜，做起了不要本钱的生意来。

因他的酱菜风味独特，吃过的人都赞不绝口，生意越来越好，因而发了一笔大财。这酱菜使他离开死亡的边缘，又带给他幸福和财富，因此被命名为"福神渍"。

山崎去世后，他的子孙把酱菜改变为罐头装，向全国推销。由于世

第六章 必须绕过的性格陷阱
——正视缺点为你加分

世代代的不断努力,"福神渍"已成为享誉世界的酱菜罐头。

人的性格中的消极与积极、美与丑、善与恶都可以转化为相对立的一面,使之比先前更为深厚和强大。这时,性格的因素不仅完全不是相加的结果,甚而可能是相乘的关系。正如山崎,尽管性格中脆弱的一面已使得他难以自持,一旦倔强的念头陡然出现,脆弱的灵魂马上就荡然无存了。那种不达目的决不罢休的勇气似乎已成为全部,一直支撑着他创立起自己的事业。

性格不是简单的 1+1 运算,它是一个人性格中的二重性因素相互作用的结果。一个人,不管今天如何,只要你存有对明天的希望,你就应不断扬弃你的性格漏洞,超越自我,铸造自我来培养良好的性格,赢得美好的人生。

66 弄通性格复杂性的成因很有必要

人的性格是复杂的,但绝不是破碎的。每个人的性格中总有一条贯穿始终的主线,把性格中的各种元素统一起来,呈现出一条总体的人性趋向。这种人性趋向正确与否,将决定一个人一生的成败。

刘心武在他的长篇小说《钟鼓楼》中,对笔下的人物詹丽颖做了这样一段旁白:"对于人来说,最难以改造的确实莫过于性格。谁的性格只有一种成分,呈现出一种状态呢?詹丽颖性格中那些不良的因素,使她倒了大霉,然而她性格中的另一些因素——与没心没肺并存的豪爽,与出语粗俗并存的吃苦耐劳,与任性放纵并存的不记仇不报复,与咋咋呼呼并存的乐于助人……却也使她获得了爱情。"

由此,弄通人的性格复杂性的成因显得十分必要。它可以为你提供校正性格中不良因素的影响、张扬个性中积极美好一面的最佳依据,引导你走向自己所能开拓的最亮丽的世界。

社会的复杂性造就了性格的复杂性。一个人性格复杂性的成因是多方面的，既包括社会环境的影响，也包括心理特征的折射；既是时代现象的反映，也渗透着文化修养的内涵。正是这些因素才构成了一个人复杂的性格。一般情况下，一个人呈现在众人面前的形象是那么简单明了，又有谁想到这简单的背后有一个复杂的性格系统，更有构成这种性格系统的诸多原因呢？

　　《人生》中的高加林是一个处于人生岔道口的人物。当这个形象呈现在我们面前时，我们可以感到他身上所承载的社会关系的负荷是那么沉重，他是那样值得同情、值得讴歌，又是那样应当憎恶、应当谴责。他的性格充满了复杂的因素：他既热爱故乡，又想远离故乡；他崇敬在田野上劳动的父老兄弟，又不准备承担同样的艰辛；他时时都在自我扩张，又时时都在自我克制；他"卑鄙"地背叛巧珍的爱情，但又真诚地诅咒自己背叛的"卑鄙"。他时而自尊，时而自卑；时而崇高，时而卑下；时而像个诗人，时而像个庸人；时而像保尔·柯察金，时而像于连·索菲尔。他的性格走向中总是充满矛盾，充满动荡、不安、痛苦、拼搏。高加林性格的核心，是他身上的执著、倔强的进取精神，利他因素与利己因素互相交织着的进取精神。

　　所以，可以说，高加林有着执著追求理想、但追求理想又总不能实现的悲剧者的性格。他的性格是复杂的，但不是破碎的，就由于他的性格中有这种贯穿始终的进取精神，把他的各种性格元素统一起来。

　　是什么原因造就了高加林的复杂性格特征呢？

　　他的性格矛盾正是当时社会变革和发展中各种矛盾关系的一种折射。

　　从社会环境的影响来看，他的性格反映了处于不同经济文化层次的农村和城市生活的差异；就心理特征的构成来看，他的性格是那一代青年心路历程的缩影，反映了变革时期一代青年精神裂变的巨大痛苦；从时代现象来看，他的性格反映了传统生活向现代生活过渡的矛盾；从哲

第六章　必须绕过的性格陷阱
——正视缺点为你加分

学与美学的内涵来看，他的性格是人生道路上各种美好和痛苦经历的形象表现。由此可见，复杂的社会环境是形成高加林"深邃而不可知"的性格的最根本原因。

弄通了性格复杂性的原因，是为了找到破译性格系统中的"木桶效应"的密码。找到性格中"最短的木板"，把它替换掉，你才能挥洒性格的长处，追逐到人生的光环。

性格的一部分源自遗传，性格"因子"中的遗传因素也不可忽视。

1890年，一个美国女人在巴黎大剧院赤脚跳舞而轰动整个欧洲，很多报纸都称赞她引发了一场舞蹈革命。

这个年轻美丽的美国女人就是依莎贝拉·邓肯。

邓肯的父亲是一位诗人，她的母亲是一个音乐教师，这样的家庭背景使邓肯继承了父母亲的文化细胞。这种文化的熏陶又使邓肯逐渐具有一些特立独行的个性。然而，不幸的是，邓肯的母亲后来和父亲离婚了，母亲不得不整天为生活奔波，到有钱人家当家庭教师，以养活邓肯和其他三个孩子。

母亲经常很晚才回家，根本就没有时间管理孩子。在邓肯5岁那年，母亲为了减少对邓肯的管理便谎报了邓肯的年龄把她送到了学校。上了一年学，邓肯那种天性活泼的个性就显现出来。

有一天，她召集邻近比她还要小的几个小孩来到家里，让她们围着她坐在地上，然后她起身向大家挥舞着手臂。她的举动让回来的母亲看见了，母亲问她在做什么，她回答说："我在办舞蹈学校。"之后，邓肯的这个"学校"还真有了一点名声，邻近的很多女孩子都来跟她学舞，有一些家长还给她送来了一些钱。邓肯不仅是一个有艺术天分的孩子，并且在生活中她还是一个很勇敢、很有主见的女孩，这种性格为她日后的成名打下了良好的基础。

10岁那年，邓肯在家里办的舞蹈学校的学生人数增加了，由此，邓肯把头发盘在头顶上，谎报自己已16岁了，从此，便正式开始了她的教学生涯。几年后，邓肯让母亲带她去芝加哥发展，先在屋顶花园晚会上表演，她觉得这里不但不能表现她的舞蹈才能，而且也不能充分展示她的才华，因此，她只跳了一个星期，便坚决辞掉这份每周50美金的工作。

然而，这次的失败并没有让她灰心丧气，她想再到纽约去闯一闯，那时刚好美国最著名的剧院经理与画家达利先生来到芝加哥。于是邓肯便找到了达利，她在达利的面前演讲了一番后，得到了达利的支持，并因此而得到去纽约演出的机会。达利的出现，给邓肯带来了新的影响力，使邓肯探索求知的性格得以尽情挥洒。16岁那年，邓肯在纽约的剧院中演出而一举成名，她的舞蹈让人们看到了一种自然的表演。由此，邓肯便拉开了现代舞的序幕。

可以说，没有父母亲性格的传承，没有家庭和社会文化环境的熏陶，邓肯就不会形成勇敢、自信、求知的性格。

没有这种性格的铺垫，她的成名最终只会成为空谈。

弄懂性格复杂性的原因，对于剔除性格中的致命弱点，张扬个性，开拓人生，十分重要。

67 一定要换掉那块短板

性格的"不可爱"处，是性格的缺陷，是足以致命的弱点，是性格这个"木桶"中最短的"木板"。换掉那块"木板"，你就铲除了性格中最大的弱点，性格系统中最大的隐患将不复存在，你就可以发挥性格的长处，把性格这个"木桶"装得圆满而稳健。

真实的人性既有人的创造性、能动性，又具有人的局限性。具有创造性、能动性，人才区别于动物；具有局限性，人才区别于神。美好而有魅力的性格，就在美丑、善恶矛盾统一的关系之中。

第六章　必须绕过的性格陷阱
——正视缺点为你加分

生活告诉人们，人只能寻求近似的完美，而绝对找不到绝对的完美。在生活中的任何领域寻求完美，都不过是抽象的、病态的或无聊的幻想而已。虽然是这样，也并不能使我们回绝完美性格的诱惑，这就使我们不能忽视性格"木桶"中最短的木板。因为，即使构成你的性格"木桶"的木板都比较长，但总有一块相对较短的，起决定意义的就是那块最短的木板。

换掉短板，首先应找到短板。

奥赛罗的天性高贵、勇敢、温和、大方，但他的妒忌心和复仇心一旦燃烧起来，竟是那样无法控制。他上了野心家埃伊古的当，杀死了无比纯洁的妻子苔丝德蒙娜，然而，当他意识到自己的罪恶时，又无限地悔恨，毫不推卸自己的责任，最后毅然地毁灭了自己，以生命来弥补他不可宽恕的过失。

奥赛罗与苔丝德蒙娜之间有着伟大的爱，但最终却因爱而毁灭了自己。假如奥赛罗是一个明察秋毫的英雄，当埃伊古诬蔑他的妻子时，他马上察觉到而且惩罚这个坏蛋，就不会做出杀死妻子如此愚蠢的举动了。

有致命缺陷的奥赛罗被莎翁赋予了灵魂和生气，充满了性格魅力。但在真实的人生中，假如性格里有一块类似于奥赛罗性格"木桶"中的短板，你的命运恐怕就不会那么走运了。由此，无论如何，一定要换掉性格"木桶"中那块短板。

要学会自我拯救性格。你掩住性格"木桶"那块短板，不给人看，并不能使"木桶的水"增加，更不会消除那块木板的致命隐患。因此，找到那块短板，并把它坚决地替换掉，是你的必然选择。

换掉性格中的短板，你会有不同的命运。

1927年农历五月初三，一位学术天才在北京颐和园的昆明湖自沉而死。这个人就是清末民初的著名大学者王国维。王国维个性孤僻、极端。他忠于清帝国，曾任过清朝末代皇帝溥仪的老师。溥仪的退位、大清的崩溃，使他万分伤感，最终走上了自杀之路。

假若仔细分析一下王国维的性格，就不难发现他的死因了。王国维处于社会的变革时期，又处在新旧文化的交替点上，其个人气质又极为特殊。以其孤僻、偏激的个性来判断，他的"自沉"是必然的。

孤僻、固执的性格，使王国维不能顺历史洪流而生，终日徘徊、彷徨、苦闷，最终在其学术生涯的盛年自杀而终，造成了文化界的重大悲剧。

孤僻、固执的性格，是最大的杀手。任凭王国维是多么高明的文章圣手，只这一块"短板"，就葬送了他一生的大好前程，更直接葬送了他的性命。这块恼人的"短板"有多可怕！

68 摆脱自卑，突出自己的长处和优点

一旦你选择突出自己的长处和优点，自卑的性格便会消失，一种强而有力的能力便会取代你的缺陷及弱点。这就是性格原理！

自卑性格是许多悲剧的根源所在。我们希望像他人那样去生活，买漂亮的衣服，像他人一样无拘无束地说话，做自己想做的事。我们将自我置于别人的人格之下，批判自己，无限夸大别人的能力，这种夸大又反衬出自己的渺小，这是伤害自我的致命武器。我们会觉得自己的人格极不完善，有各种各样的缺点和不足，而别人却完美无瑕，显得沉着自信。这种感觉是极其荒谬的。

有些人沉沦在自卑感的迷雾中，渴望自己是坚强的、睿智的、成功的；在平凡的日子里创造了不平凡的生活；拥有幸福的家庭、蒸蒸日上的事业和很高的名望；受到别人的尊重和热爱。而其实，他不知道自己却戴着有色眼镜，透过茶色的镜片来看自己，这难道不是很可悲吗？

有自卑性格的人是这样：自己瞧自己不顺眼，自己总觉得矮人一

第六章 必须绕过的性格陷阱
——正视缺点为你加分

头。这就是自卑。当然这"不顺眼"、"矮一头"都是以别人为参照的:"我皮肤黑",是和别人比而显得"黑";"我个矮",矮是相对于高而言的;"我眼睛小",世界上有许多大眼睛的人,才衬托出了"小"。这些和别人不一样的地方,实实在在摆在那里,让你藏不了、躲不了、否不了、忘不了,于是你有了自卑的理由。你可怜自己又恨自己,于是耗费大量的心理能量和时间精力,企图去改变那些和别人不一样的地方,但却常常成效甚微。

不管你承认与否,自卑者面对生活缺乏勇气,不能与强大的外力相抗衡,致使自己在痛苦的陷阱中挣扎。有谁愿意成为一个自卑性格的人呢?大概没有。所有在实际生活中说自己为某事而自卑的朋友,都认为自卑不是好东西。他们渴望着把"自卑"像一棵腐烂的枯草一样从内心深处拔出来,扔得远远的,或者把自卑重重地摔在地上,从此挺胸抬头,脸上闪烁着自信的微笑。

自我贬低很容易使人自卑,并且自弃。

为什么许多人会深陷于自卑情绪中而痛苦呢?心理学家告诉我们,人类性格中最常见的弱点之一便是他们并"不想要成功"。沿着这条思路发展下去,他们认为成功是一件危险的事,因为要保持成功的地位,必须付出更多的代价。所以,他们便故意或者无意地强调自己的弱点,显示出不如他人的样子。

克服自卑心理有时要用精神胜利法。精神胜利法能使自卑转化为自信,使失衡的心理得到平衡。

伊索寓言里的那只狐狸用尽了各种方法,拼命地想得到高墙上的那串葡萄,可是最后还是失败了,于是只好转身一边走一边安慰自己:"那串葡萄一定是酸的。"

这只聪明的狐狸得不到那串葡萄,心里不免有些失望和不满,但它却用"那串葡萄一定是酸的"来解嘲,使失望和不满化解,使失衡的心理得到了平衡。

人的一生，谁都难免会有失误，谁身上都会有缺陷，谁都难免会遇上尴尬的处境。有的人喜欢藏藏掖掖，有的人喜欢辩解。其实越是藏藏掖掖，心理越是失衡；越是辩解，却会越辩越丑，越描越黑。最佳的办法是学会从精神胜利法中解脱自己，从失衡中找回自信。

69 别让偏执型性格毁了你

具有偏执型性格的人固执己见，对人对事抱持猜疑、不信任的心理。其主要表现就是在人际交往中常猜疑他人，过度警觉，遇到矛盾就推诿或责怪他人，强调客观原因，看问题倾向以自我为中心，自我评价过高，心胸狭隘，不愿接受批评，经常挑剔他人的缺点，容易产生嫉妒心理，常常闹独立。

假如他们的看法、观点受到质疑，往往会与人争论、诡辩，甚至冲动地攻击他人。他们的心理活动常处于紧张状态，由此，表现得孤独、无安全感、沮丧、阴沉、不愉快、缺乏幽默感。偏执型性格缺陷者假如不及时接受心理教育，纠正自身的心理缺陷，就有可能发展为偏执型精神分裂症。一些严重的偏执型性格者，就有可能是精神分裂症患者。

偏执型性格缺陷的心理纠正方法有以下几种：

认知提高法。偏执型性格者对他人不信任，敏感多疑，对任何善意忠告都很难接受。对此，应在相互信任和情感交流的基础上，较全面地向他们介绍性格缺陷的性质、特点、表现、危险性和纠正方法。具备自知力，能够自觉自愿地要求改变自己的性格缺陷，是认知提高训练成功的指标，也是参加心理训练最起码的条件。

交友训练法。即积极主动地进行交友活动。交友及处理人际关系的原则要领是：真诚相见，以诚交心。必须采用诚心诚意、肝胆相照的态度，主动积极地交友；要坚信世界上大多数人是好的和比较好的，并且

第六章 必须绕过的性格陷阱
——正视缺点为你加分

是可以信赖的；不应该对朋友，特别是对知心朋友存在偏见、猜疑。

交往中尽量主动给予知心好友各种各样的帮助。主动地在精神上与物质上帮助他人，有助于以心换心，取得对方的信任，从而巩固友谊关系。特别是当他人在困难时，更应该鼎力相助，患难中见真心，这样做最能取得朋友的信赖和加强友好情谊。

注意交友的"心理相容原理"。性格、脾气的相似或互补，有助于心理相容，搞好朋友关系。假如两个人都是火暴脾气则不容易建立稳固、长期的友谊关系。但是，最基本的"心理相容原理"条件，是思想意识与人生观相近，这是保持长期友谊的基础。

自省法。自省法是通过写日记的形式来表达自身的感受，每天临睡前回忆当天的所作所为情景，进行自我反省的方法。该方法有助于纠正偏执心理，是一种很有效的改变自己心理行为的训练方法，对于塑造健全优秀的人格品质与自我教育，效果明显。

70 克服分裂型性格缺陷

分裂型性格缺陷者的主要表现是过分胆小、羞怯退缩、回避社交、离群独处、我行我素而自得其乐、沉醉于内心的幻想而缺乏行动；行为外表古怪、离奇，不修边幅，性情怪僻，喜欢自言自语；情感淡漠，对人缺乏热情，兴趣贫乏，对外界事物缺乏激情，对批评和表扬常持无动于衷的淡漠态度。

该类型的人极少有攻击行为，一般不会给他人制造麻烦。但由于他们很少顾及他人的需要，总是独来独往，沉浸在自己的"白日梦"中，难以完成责任重大的工作。这类性格缺陷容易进一步发展为精神分裂症，有些人存在严重或者突发的分裂型性格缺陷，也许是早期精神分裂的重要信号。

分裂型性格缺陷者训练目标是纠正性格上孤独离群、情感浅淡和与周围环境的分离。分裂型性格缺陷的心理纠正方法有以下几种：

社交训练法。旨在纠正性格孤独不合群的缺陷。提高认知能力，懂得孤独不合群、严重内向性格的危害性，自觉投入心理训练。提高认知。要求本人有意识地分析自己的心理不足，确定积极探求人生的理想目标，并有为之奋斗的自信心、决心和生活情趣。

情感训练法。通过读书、欣赏文艺作品等，学会欣赏艺术美、自然美、社会美和心灵美，陶冶高尚情操。应该懂得这样一个道理：人生是一次情趣无穷的愉快旅程，每一个人都应该像一位情趣盎然的旅行家，每时每刻在奇趣欢乐的道路上旅行。分裂性格缺陷者必须培养多方面的兴趣爱好，如唱歌、听音乐、绘画、练书法、打球、下棋等。

兴趣培养法。兴趣是人积极探究某种事物和给予优先注意的认识倾向，同时常具有向往的良好情感。因此，兴趣培养训练有助于克服这类心理缺陷者的兴趣索然、情感淡薄的不健全心理状态。多种兴趣爱好可以培育出向往生活的良好情感，丰富人们的生活色彩，给人的认识留下深刻的印象。积极参加集体活动。扩大社会信息量，克服情感淡薄的弊病。兴趣培养法是克服分裂型性格缺陷的最好方法。分裂型性格缺陷者要有意识地分析自己的心理缺陷，确定人生的理想目标，并为之不懈奋斗的信心和决心。

71 远离依赖型性格

有依赖型性格缺陷的人常常有无助感，总感到自己懦弱无助、无能、笨拙、缺乏精力。有时，还有被遗弃感。

这种类型的人将自己的需求依附于他人，过分顺从他人的意思，一切听他人的决定，生怕被他人隔离。当亲密关系终结时，他们则有被毁

第六章　必须绕过的性格陷阱
——正视缺点为你加分

灭与无助的体验。这种性格的人当然就缺乏独立性，在生活上需要他人为其承担责任，从事何种职业都得由他人决定。他们把所有的希望都放在他人身上，遇到困难时，总是想获得他人的帮助。这类人都有一种将责任推给他人，让他人来对付逆境的倾向。一般来说，这类人没有深刻而复杂的思维活动，也无远大的理想抱负与追求，满足于得过且过的生活现状。

依赖型性格缺陷的心理纠正方法有以下几种：

树立独立的人格，培养自主的行为习惯。一切自己动手，自然就与依赖无缘了。对于已养成依赖心理的人来说，要用坚强的意志来约束自己。无论做什么事都要有意识地独立完成，开动脑筋把要做的事的得失利弊考虑清楚，敢于独立处理事情。

树立人生的使命感与责任感。某些没有使命感与责任感的人，生活懒散，消极被动，往往会跌入依赖的泥潭。反之，具有使命感与责任感的人，都有一种实现抱负的雄心壮志。他们对自身要求严格，做事认真，不敷衍了事、马虎草率，具有一种主人翁的精神。主人翁精神是与依赖心理相悖逆的。选择了该精神，你就选择了自我的主体意识，就会因依赖他人而感到羞耻。

要培养独立的生存能力。不妨单独或与不熟悉的人办一些事或做短期的外出旅游。这样做的目的，是为了锻炼自身独立的处事能力。

自己单独去办一件事，而完全不依赖他人，无论办成或办不成，对你都是一种锻炼。与陌生人外出旅游，由于不熟悉，出于自尊心与虚荣心，你不会依赖别人，事事都得自己筹划，无形之中抑制了你的依赖心理，促使你选择自力更生，有利于你独立的人生品格的培养。

要克服依赖心理，还可从以下几个方面出招：

要全面认识依赖心理的危害性。要纠正平时养成的习惯，提高自身的动手能力。不要什么事情都指望着他人，遇到问题要做出属于自己的选择与判断，加强自主性与创造性。学会独立思考问题，独立的人格要求独立的思维能力。

要在生活过程中树立行动的勇气，恢复自信心。自己能做到的事情一定要自己去做，正确地、全面地评价自己。

丰富自身的生活，培养独立的生活能力。面对问题的时候，能够独自拿主意，想办法，增强自我独立的信心。

多向独立性强的人学习，多与他们交往，观察他们是如何独立处理问题的。同伴良好的榜样作用可以激发我们的独立意识，改掉依赖这一不良性格。

我们应该明白我们自身才是自己的主人，只有自己才能帮助自己到达成功的顶峰。

72 走出恐惧的阴影

所谓恐惧是对某种物体或某种环境的一种无理性的、不适当的恐惧感，比如恐高、恐水。恐惧的原因有的是因为先天的性格脆弱，天生紧张而显神经质。另一因素是不能解决自身承受的精神压力。

恐惧是来自自己内心的魔鬼，它会毒害你，扼杀你的勇气、信心，让你变成一个彻头彻尾的胆小鬼和失败者。因此，你必须要消灭它，才能活得轻松、快乐。

恐惧能摧残人们的意志与生命。它影响着人的胃、伤害人的修养、减少人的生理和精神的活力，进而破坏人们的身体健康。同时，它还能打破人的希望、消退人的志气，而使人的心力衰弱至不能创造或从事任何的事业。

恐惧能摧残人的创造精神，足以杀灭个性，而使人的精神机能趋于衰弱。一旦你心怀恐惧、不祥的预感，则做任何事情都不可能有效率。恐惧代表着、指示着人的无能和胆怯。该恶魔从古至今都是人类最为可

第六章 必须绕过的性格陷阱
——正视缺点为你加分

怕的敌人，是人类文明事业的最大破坏者。

最坏的一种恐惧心，就是往往预感着某种不祥之事的来临。该种不祥的预感，会笼罩着一个人的生命，像云雾笼罩着爆发前的火山一样。

某些人对一些本来并不可怕的事却产生一种紧张、恐怖的情绪体验。他们自身也能意识到此种恐惧是完全没有必要的，甚至还能意识到这是很不正常的表现，但就是不能控制自己，尽管尽了很大的努力也依然无法摆脱与消除，因而感到十分的不安。

克服恐惧有以下几种方法：

注意力集中法。在社交场合，不必过度关注自己给别人留下的印象，要知道自己不过是个小人物，不会引起人们的过分关注，正确的做法是学会把注意力放在自己要做的事情上。

兜头一问法。当心理过于紧张或焦虑时，不妨兜头一问：再坏又能坏到哪里去？最终我又能失去些什么？最糟糕的结果又会是怎样？大不了再回到起点，有什么了不起！想通了这些，一切就会变得容易起来了。

钟摆法。为了战胜恐惧，心里不妨这样想：钟摆要摆向这一边，必须先往另一边使劲。我脸红大不了红得像块红布，我心跳有什么了不起，我还想跳得比摇滚乐鼓点还快呢！结果呢，人们会发现实际情况远没有原先想象的那么严重，于是注意力就被转移到正题上了。

恐惧可以说是人生成功的大敌，它会损耗你的精力，折磨你的身心，缩短你的寿命，让你失去信心，阻止你获得人生中一切美好的东西，克服它你才能给自己赢得一次成功的机会。假如你不愿失败，就立即行动，挑战畏惧。人生的路很漫长，假如你一直都无法面对心底的这个魔鬼，到头来后悔也就来不及了。

73 悲观是人生最暗的深渊

任何一个人都经历过一些小的失意。有的人遇到失意时，觉得世间一切都不尽如人意，忧郁不安，悲观自怜，结果更加的失意，以致失去了人生的幸福和欢乐。好的方法应该是寻找产生沮丧悲观心理的原因，从而对症下药，寻求解决问题的良好途径。

沮丧情绪往往会扩大生活的不幸。有的人在沮丧中形成了对他人冷漠的态度，认为这样可以报复他人。实际这样做不但无助于事情的解决，还会进一步伤害自己。因为这样做，无论是在肉体上，还是在精神上都将进一步影响自己的情绪，使自己无法坚强地面对现实。其实，沮丧是一种常见的情绪，很难引起人足够的重视，但我们不能不注意这个细节，不要因沮丧而扩大生活的不幸。

任何一个人都会遇到不幸，甚至是灾难，可是，不幸与灾难的本身并不可怕，可怕的是有很多人在不幸中变得悲观沮丧、冷漠、偏执、不信任人，天天以泪洗面，觉得全世界的人都对不起自己。假如因小小的挫折不幸而流泪，扩大自己的不幸，那样你就会真的不幸了。

在生活中，任何一个人都会有遭遇挫折的时候，但沮丧并不是不可以克服的。一遇上不幸的事情就悲观的人是很难成就大事的，悲观并不能使不幸变为幸福，最重要的是要坚强地去面对困难。

其实，转换自己的悲观情绪并不是很难。

当我们遭遇失败或挫折而沮丧的时候，不妨试试这几招：

以积极的心态对待失败。越担惊害怕，就越遭灾祸。因此，一定要懂得积极心态能够带来力量，要相信希望与乐观能引导你走向成功。

尽管处境很艰难，也要试着去寻找积极的因素。这样，你就不会放弃取得微小胜利的努力。你越乐观，克服困难的勇气就越大。

第六章 必须绕过的性格陷阱
——正视缺点为你加分

以幽默的态度来对待现实中的各种各样的失败。有幽默感的人，才具有能力轻松地战胜厄运，排除随之而来的倒霉念头。

不但不要被逆境所困扰，也不要幻想出现什么奇迹。一定要脚踏实地，坚持不懈，全力以赴去争取胜利。

不要把悲观情绪作为保护你失望情绪的缓冲器。乐观的心态是希望之花，能赐予你力量。

当你失败的时候，你要想到你曾多次获得过的成功，这才是值得你庆幸的。假如六个题目，你做对了三个，那么还是完全有理由庆祝一番的，因为你已经成功地解决了一半的问题。

在闲暇时，你要尽可能多地接近乐观的人，观察他们的行为。通过你的观察，你或许会培养起乐观的态度，乐观的火种会渐渐地在你内心点燃。

要清楚，悲观并不是天生的。与人类其他的态度一样，悲观不仅可以减轻，而且通过努力还能转变成一种新的态度——乐观。

假如乐观的态度促使你成功地克服了困难，那么，你就应该相信这样的结论：乐观是成功之源。

74 自负害人害己

自信，对于有自知之明的人而言是值得推崇的，因为他有足够的把握来应付自己面临的一切机遇和挑战！然而，对于一个不自知的人，过度的自信就会成为自负，害人害己！

有人说，自负是人们自掘的一个陷阱，当人们自负过头时，往往会陷入其中。大文豪王尔德说："人们把自己想得太伟大时，正是在显示本身的渺小。"自负不仅害人，它甚至会夺走人们的生命。

"人外有人，天外有天。"谁也不可能一直是常胜将军。自负的人习惯沉浸于虚无的胜利幻想中，他们往往因为一次的成功就自我满足，眼前闪现的永远是早已逝去的鲜花与掌声。他们把别人给予他们的荣誉看作是理所当然的，他们不能静下心来想一想如今自己都做了些什么，都收获了什么。自负的人总认为曾经的成功能长久，总认为他人一直会甘拜下风。因此，他们自视清高、目中无人。更有甚者，非但自己不思进取，还伺机嘲讽别人的努力，最终导致了正常心理的扭曲，无法承受长期以来的积压，选择了纵身一跃。

骄傲使人落后，虚心使人进步。我们只有坚定地采取谦逊的态度并且愈加谦逊，才能搬开前进道路上由我们"自我"设置的绊脚石。

75 不要轻易冲动

冲动性格的人考虑问题较单一，不全面，不计后果，更不知覆水难收之理。

一场伟大的成功，有时会得益于性格深处的一次微小的嬗变，这种嬗变就源于优良性格的培养与拙劣性格的摒弃。

也许你无端地受到指责和误解，也许你一招不慎在人生之路上迷失了方向，也许你的心正经受着痛苦的煎熬，你的精神正在崩溃的边缘徘徊，但是，千万要记住认真对待，学会控制，要知道，上帝欲毁灭一个人，必先使其疯狂。

一头驴与一头野牛很要好，它们经常在一起玩、吃草。有一天，它们发现一个农夫的果园里有绿油油的青草，还有成熟的果子。因此，它们偷偷地进入果园，在里面悠闲地吃着青草和树上的果子。园丁一点儿都没有察觉到。驴吃饱后，很想引吭高歌一曲，野牛就对驴说："亲爱的朋友，你就忍耐一下，等我们出了果园，你再唱歌吧！"

驴说："我现在真的很想唱歌，作为朋友，你应该支持我才对啊！"

"可是，可是，要是你一唱歌，园丁就会发觉，我们就跑不掉了！"

第六章 必须绕过的性格陷阱
——正视缺点为你加分

驴觉得野牛根本无法理解自己目前的心情，它说："天下再也没有什么比音乐和歌曲更优雅、更能感动人的了。很遗憾你对音乐一窍不通，我怎么找了你做朋友呢？"

驴终于没有接受野牛的建议，开始高歌起来。它一唱歌，园丁马上发现了驴与野牛，就把它们全都逮住了。

驴的冲动，既害了自己，又害了朋友。驴想唱歌表达自己兴奋的心情，这也是可以理解的。但是，为了一时的宣泄而不顾情境是否危急，一时兴起就放纵了自我，以致酿成了悲剧。

每个人都有冲动的时候，但不管如何，你一定要牢牢控制住它。否则一点细小的疏忽，就可能会贻害无穷。

大部分成功者，都是对情绪能够收放自如的人。这时，情绪已不仅仅是一种情感的表达，更是一种重要的生存智慧。假如控制不住自己的情绪，随心所欲，就可能带来毁灭性的灾难。情绪控制得好，则可以帮你化险为夷。

一个人无论做什么事都要三思而后行，假如单凭自己的一时意气用事，势必会造成不堪设想的后果。当你感觉自己的判断并不是很准确或没有得到事实证明时，宁可耐着性子稍待些时日，多多考虑斟酌一番，也不要草率地去行事。

推荐要点：

弱点并不可怕，最可怕的是明知道自己的弱点却不去改变。

一味去弥补自己性格缺点的人，只能将自己变得平凡；而发挥自己性格优点的人，却可以使自己出类拔萃。

最大的长处所在，往往也是最大短处的根源；最大优势的发挥，常常暴露出最大的劣势。

一只木桶能装多少水，完全取决于它最短的那块木板，这就是"木桶效应"；一个人性格的完美程度，完全取决于这个人性格中最弱的环节，这就是性格系统的"木桶效应"。

性格中任何一种成分都被对立的因素所排斥与抵消，直至达到理性与感性的统一。

每个人的性格中总有一条贯穿始终的主线，把性格中的各种元素统一起来，呈现出一条总体的人性趋向。

社会的复杂性造就了性格的复杂性。一个人性格复杂性的成因是多方面的，既包括社会环境的影响，也包括心理特征的折射；既是时代现象的反映，也渗透着文化修养的内涵。

真实的人性既有人的创造性、能动性，又具有人的局限性。具有创造性、能动性，人才区别于动物；具有局限性，人才区别于神。

一旦你选择突出自己的长处和优点，自卑的性格便会消失，一种强而有力的能力便会取代你的缺陷及弱点。这就是性格原理！

有自卑性格的人都是以别人为参照的。

人类性格中最常见的弱点之一便是他们并"不想要成功"。沿着这条思路发展下去，他们认为成功是一件危险的事，因为要保持成功的地位，必须付出更多的代价。所以，他们便故意或者无意地强调自己的弱点，显示出不如他人的样子。

具有偏执型性格的人固执己见，对人对事抱持猜疑、不信任的心理。

有依赖型性格缺陷的人常常有无助感，还有被遗弃感。

恐惧的原因有的是因为先天的性格脆弱，天生紧张而显神经质，另一因素是不能解决自身承受的精神压力。

悲观并不能使不幸变为幸福，最重要的是要坚强地去面对困难。

当你失败的时候，你要想到你曾多次获得过的成功，这才是值得你庆幸的。

人们把自己想得太伟大时，正是在显示本身的渺小。

第七章 了解别人的性格，把握自己的命运
——知己知彼为你加分

　　个性可以看作是性格,但其实际意义又比性格要广泛。一个人表面上的个性与他内心深处的性格是相互关联的,只要不是双重人格,根据他的个性,我们就可以分析、判断这个人。假如我们很仔细地观察这个人对于一件微不足道的小事的态度,我们就可以从他极其细微的部分,看到他的全部,可以分析他内心深处的本性,所谓"管中窥豹"就是这个道理。

76 透视人性弱点，掌控人际关系

人们经常会用这样一个例子来阐述人类自身：伸开你的手指，会发现各个手指长短不一。这说明人类自身是有缺陷的，十全十美的人是不存在的。正因为没有一个人是完美的，所以，不完美的部分，就是人的弱点。

在与他人交往中，你要首先学会正确识别反向行为。

无意识的冲动在意识层面上向相反方向发展，人的外表行为或情感表现与其内心的动机欲望完全相反，在心理学上称为反向形成或反向作用、反向行为、矫枉过正，是心理防御机制之一。反向形成的心理基础，是由于内心汹涌澎湃的感情或冲动难以被他人所接受，为了抑制它而形成与其相反的感情或行为。

人有时心中讨厌或憎恨一个人，但在表面上却又对此人十分热情和关心；有时心里喜欢一个人，表面上却异常冷淡。再如，自卑感过重的人有时会表现出自大和不可一世的样子，这是由于不想让别人看出自己很差，自己也不能容忍自己，想在意识上克服弱点，而走向了另一个极端，这就是自卑情结。

每个人都希望能轻易地掌握他人的心理弱点或敏感点，以便在和对方交往时尽量避开地雷，与对方建立良好的关系，化敌为友。这时候，如果你懂得自卑情结，就懂得如何洞悉别人和自己的自卑感，从一些平常不会注意的小动作或行为去分析对方心里隐藏的弱点，这也是化自卑为力量的实例。

事实上，人类外在的行为、语言和态度，很多时候是想隐藏内心的需求和不为人知的自卑感。如果你曾经做过推销员，一定有过这样的体验：有些客户态度很恶劣，瞧不起人，甚至对你恶言相向。如果你是初

第七章　了解别人的性格，把握自己的命运
——知己知彼为你加分

出茅庐的新手，遇到这种情况，往往会无精打采，带着沮丧的心情离去。然而，老练的推销员态度却完全相反，即使再怎么被冷落或拒绝，也心存一线希望。就算被对方大声斥责："你再来多少次也没有用，省省力气吧！别白费口舌了！"他仍会厚着脸皮，每日殷勤拜访。因为他们懂得，人是感情动物，再怎么绝情的人，也有动情或心软的时候，这正是人性的弱点和自卑情结。尤其是那些态度恶劣的人，他们之所以大声呵斥别人，其实是没有安全感，故意虚张声势，想占据优势，掌握全局，以为如此才能获得安全感。这时候，只要你能满足他的优越感，他就会自动消除敌意。因此，表面上看来白费力气的多次造访，事实上，会使对方因为优越感得到满足而产生同情、怜悯，令他们自认是强者、高人一等，并产生照顾弱小的想法。

　　奥地利心理学家阿德勒·麦克斯说过："自卑有两种，一种是被冷落的自卑感，一种是被宠坏的优越感。这两种心理机制，核心都是一种对自己没有信心的自卑情结。"只要了解这个道理，在虚张声势的人面前，懂得放低姿态，所谓伸手不打笑脸人，对方会想："这样斥责他，好像不太应该，他这么诚恳，就答应他的要求算了！"这时候，你的推销任务，就可以顺利达成了。

　　相反的，有些客户和你拉扯半天，彬彬有礼，赞美中带着贬抑："产品是不错啦，我们也很欣赏这种产品的外观，但是……可是……"这种人表面上客气有礼，其实多半不打算购买。为什么呢？因为他们的谦和有礼，只是一种虚伪的表现，这种虚伪从语气和神态中，就可以感觉出来。事实上，这种虚伪的态度，也是掩饰自卑的另一种方式。虽然他内心的真正想法就是不想购买，但是碍于面子，或在其他方面有所考虑，不便直接拒绝，而这正是他们想掩饰的弱点。同理可证，人们总是用相反行为，来掩饰内心的自卑或不安。例如，那些把钱看得很重的人，有时会故意表现得慷慨大方；喜爱被人称赞的人，总是会客气地谢绝别人的赞美。这些都是在日常生活中常看到的例子。

这就是人性的弱点，在赞成中隐藏着反对，在恭维中隐藏着厌恶，这种心理的逆向作用，说穿了就是为了平衡内心的自卑感或不安。总之，工作上的应酬交际也好，谈判、交涉也好，千万不可一下子就和对方热络起来，开始时应说一些恭维或场面话，以试探对方的真正想法。若对方夸张地拒绝你的恭维，根据逆向心理法则，你可以判断出，对方其实非常渴望别人的巴结。如果你要说服这类人，就要用委婉、诚恳的态度去赞美他，才会有好的效果。人都有自卑感，也都有心理弱点，只要搞懂这些自卑感和不安如何影响人们的行为，就可以化自卑为力量，借力使力，让你左右逢源。

77 眼睛泄露性格的秘密

美国思想家爱默生说："人的眼睛和舌头所说的话一样多，不需要字典，却能从眼睛的语言中了解整个世界。"窥探心灵的窗口——通过眼神了解他人，就是人们常说的眼睛是心灵的窗户。要了解一个人，首先就要观察他的眼睛，因为眼睛是最不会说谎的器官。

不同的人每天都不得不重复着同一个古老而新鲜的游戏——与人打交道。这个游戏的古老在于，人类就是这样不弃不离地走过了千年万年：彼此热爱、彼此争斗；相互支撑、相互抗衡；充满善意、暗藏险诈；体谅对方、误解对方……这个游戏的新鲜在于，造物主似乎开了个玩笑，它让每个人都独具个性与特质，你不能将他人的性格简单地分类，甚至不能按照同一种方法与两个人相处。

通过观察一个人丰富的眼睛语言，在某种程度上也可以对他有一个大致的了解和认识。透过视线的活动，了解和认识他人，是人与人之间圆满交往和心灵沟通的要诀。

当一个人对另一个人产生了好感，在他还没有用语言表达的时候，

第七章 了解别人的性格,把握自己的命运
—— 知己知彼为你加分

多会用一种带有愉悦、欣慰、欣赏等感情交织在一起的眼神不住地打量对方。

当一个人表示对另一个人的拒绝时,他会用一种不情愿,甚至是愤怒的眼神,轻蔑地进行嘲讽。

当一个人看另一个人,眼光从上到下或是从下到上不住地打量对方时,他表现出的是对对方轻蔑的审视,也说明这个人有自我优越感,有些清高自傲,喜欢支配差遣人。

在谈话的时候,对方眼光如果不断地转移到别处,这说明他对所谈的话题并不感兴趣,另一方意识到这种情况以后,应该想办法改善这种局面。

在谈话中,一方的眼神由灰暗或是比较平常的状态,突然变得明亮起来,表示所谈的话题切合他的心意,引起了他极大的兴趣,这是使谈话顺利进行的最好条件和时机。

在两个人的谈话中,一个人在说话时,既不抬头,也不看另外一个人,只顾说自己的,如果没有其他原因,如果不是表示说话人不够自信,则在很大程度上表示了对另一个人的轻视。

当一个人用两只眼睛长时间地盯着另一个人时,绝大多数情况都是期待着对方给予自己一个想要的答复。

当一个人用非常友好而且坦诚的眼神看另一个人,甚至还会眨眨眼睛,说明他对这个人的印象比较好,他很喜欢这个人,即使对方犯了一些小错误,也可以给予宽容和谅解。

当一个人用非常锐利的目光、冷峻的表情审视一个人的时候,有一种警告的意思。

学习这些技巧,是判别他人是否可靠的一个方法,结合各方面的阅历,可以更好地探知对方内心世界的变化。

78 头发与人的性格

人体的每一个器官都是一个人不可或缺的组成部分,这些东西多多少少都会透露出人的内在信息。

头发是人体最为重要的装饰品,从中也可以看出人的性格趋向。

头发粗直、硬度高的人为人豪爽,行侠仗义,不拘小节,对朋友总是以他人当先,光明磊落,不会玩弄小聪明,并且是很好的患难之交。

头发浓密而又很黑的人,做事情有条理,很有智慧,懂得发挥自己的长处,有理想,有抱负,是典型的事业型人才。

头发稀少,并且发质很细,这样的人心机很重,会打算,算计事情一丝不苟,喜欢把事情处理得很仔细,缺乏气概与宽容心。

头发自然卷,此类人一般都具有很强的个性,喜欢表现自己,往往给别人带来意想不到的惊喜。

头发稍微有点儿秃的人做事情很勤奋,对待工作认真,对自己份内的事情具有很强的责任感。

注重形象的人一般也十分看重发型,因为头发是人体一个很重要的部分,关系着人的整体形象。当然对于长期从事公共活动的人来说,保持一个得体的发型更是必不可少的。

头发总是梳理得很齐整光亮,这种人很注重外在形象,甚至有点儿虚荣爱面子,对事物也比较挑剔,喜欢吹毛求疵,有点儿完美主义倾向。

头发自然随意,没有明显的修理,这种人对外表的东西不看重,喜欢内在的收获,很多人都是工作狂,希望获得上司的认可。

经常留短发,这种人做事情干脆直接,有些人可能会比较骄傲,常会满足于自己的现状;有些人看重自己的感受,以自我为中心。

第七章 了解别人的性格，把握自己的命运
——知己知彼为你加分

喜欢赶时髦，留时尚发型的人，小资情绪比较重，喜欢他人的夸奖与表扬，总是想赶在潮流的前面，年轻人表现会很前卫；中年人则很有活力，喜欢与他人沟通，有处理人际关系的良好技巧。

79 如何从站姿判断人的性格

每个人都有自己习惯的站立姿势，不同的站姿可以显示出一个人的性格特征。

站立时习惯把双手插入裤袋的人，城府较深，不轻易向他人表露内心的情绪；性格偏于内向、保守；凡事步步为营，警觉性极高，不肯轻信他人。

站立时经常把双手置于臀部的人，自主性强，处事认真，绝不轻率，具有驾驭一切的能力。他们最大的缺点是主观，性格表现固执。

站立时喜欢把双臂插放于胸前的人，性格坚强，不屈不挠，不轻易向困境压力低头。但是由于过分重视个人利益，与人交往经常摆出一副自我保护的防范姿态，拒人于千里之外，令人难以接近。

站立时将双手握置于背后的人：性格特点是奉公守法，尊重权威，极富有责任感，但是有时情绪不稳定，往往令人感觉高深莫测，最大的优点是富有耐心，而且能够接受新思想与新观点。

站立时习惯把一只手插入裤袋里，另一只手放在身旁的人，性格复杂多变，有时会极易与人相处，推心置腹，有时则冷若冰霜，对人处处提防，为自己筑起一道防护网。

站立时将两手握拳置于胸前的人，其性格表现为成竹在胸，对自己的所作所为充满成就感，虽然不至于睥睨一切，但却踌躇满志，信心十足。

站立时双脚合并，双手垂置身旁的人，性格特点是诚实可靠，循规

蹈矩而又生性坚毅，不会向任何困难屈服低头。

站立时不能静立、不断改变站立姿态的人，性格急躁、暴烈，身心经常处于紧张的状态，而且不断改变自己的思想观念。在生活方面喜欢接受新的挑战，是一个典型的行动主义者。

80 握手方式反映性格

手可以充分表达感情，握手的行为往往是心理活动的外在表露，其行为虽然简单，但从握手的方式，却可以反映一个人的性格与心理。

握手时，紧握对方的手掌，令对方略感痛楚的人：此类人精力充沛，自信心强，为人则偏于专断独裁，但组织能力及领导能力均极突出，是一个领导型的人物。

握手时力度适中，动作稳重，双眼注视对方的人：这种人个性坦率、坚毅，有责任感而且可靠，思想缜密，善于推理，经常能为人提供有建设性的意见。每当遇到困难时，总能迅速提出可行的应付方法，深得他人的喜爱。

握手时只轻柔地触握，显得漫不经心的人：这类人随和豁达，绝不偏执，颇有游戏人生的洒脱，而且谦和从众。

握手时习惯用双手握持对方的人：这种人热诚敦厚，心地善良，对朋友最能推心置腹，喜怒爱憎分明。

握手时握持住对方久久不放的人：这种人情感丰富，喜结交朋友，一旦建立友谊，则忠诚持久。

握手时只用手指抓握对方，而掌心不与对方接触：这种人个性随和而敏感，情绪激动，他们心地善良，且极富同情心，胸怀宽广。

握手时抓紧对方的手，上下不断摇动的人：这种人极为乐观，对人生充满希望。他们的积极热诚使他们经常成为中心人物，受人爱戴。

第七章 了解别人的性格,把握自己的命运
——知己知彼为你加分

有些人从不愿意与人握手,他们个性内向羞怯、保守,但却真挚。这种人不轻易付出感情,但只要建立起友谊之后,便会情比钢坚。对朋友如此,对爱情亦然。

有的人出手犹如打拳,而握手时更为猛烈,好像非要把别人的手握碎不可,这种人多是喜欢逞强而自大的人。

有的人握手时,手臂不愿长伸,肘的弯度成直角,手迫近身体,这种人充分显示谨慎、保守的性格。

81 从谈话速度和语气看性格

谈话速度和语气也能反映出一个人的性格。

当一个平时说话语速很快的人,或者说话语速一般的人,突然放慢了语速,就一定是在强调着什么,想引起他人的注意。

平常说话慢慢悠悠的人,面对一些人对他说出不利的话时,假如他用快于平常的语速大声地进行反驳,那么,很可能这些话都是对他的无端诽谤;假如他支支吾吾,半天说不出话来,那么,很可能这些指责就是事实,他自己心虚、中气不足。

不满对方或怀有敌意的时候,言谈的速度就会放慢;反之,心里有鬼或想欺骗别人的时候,说话的速度大都会加快。

一个平时沉默寡言的人,假如一时变得能言善辩、喋喋不休,则表明其内心有不想为人所知的秘密。

充满自信的人,谈话时一般多用肯定语气;缺乏自信的人,或性格软弱者,谈话的节奏多慢吞吞、有气无力。

喜欢小声说话的人,不是对事物缺乏自信,就是性格较为女性化;那些说起话来没完没了、希望话题拖长的人,其内心潜藏着唯恐被别人打断与反驳的不安,唯有这种人,才能以盛气凌人的架势谈个不停。

喜欢用暧昧或不确定的语气、问题作为结束语的人，通常会害怕承担责任；经常使用条件句的人如"这只是我个人的看法"、"这不能一概而论"、"在一定意义上"、"在某种情况下"等，大多属于神经质（指人的神经过敏、胆小怯懦、情感容易冲动的气质）。

82 避开对方心中的"地雷"

世上有很多人没有弱点。这些人不见得是完美的，但他们却把仅有的弱点转化成优势，结果他的弱点消失了，他也因此成长、进化。打个比方，有人从小体弱多病，当其他小朋友在阳光下活蹦乱跳时，他却只能躺在床上吃药、打点滴，这种身体上的缺陷，就是他自卑感的来源。不过，同样是病童，有人一辈子自怨自艾，靠弱点向他人乞求同情，但也有人立志当医生，不但要医好自己的病，也要医好其他人的病。同样受病痛折磨，不同的态度，就决定了你是否能超越自卑，并把自卑变成优势，或者……永远活在阴影下。

心理学大师阿德勒说："每个人的一生，其实都是在为自己的不足和缺陷寻求补偿或掩护。"每个人都有不为人知的痛楚和隐私，从这一点来延伸，人们除了可以分析自己的弱点和自卑感来源之外，也可以掌握人性的共通点，用同理心和同情心来管理自己的人际关系。事实上，所谓的 EQ 专家和公关高手，都会先了解人性的基本结构和个别弱点，才能化解各种冲突和误会。也唯有了解每个人的弱点，才能掌握对方的致命伤和敏感区，避免不必要的误会。因为在人际交往中，误会往往比敌意更容易伤害人。因此，在社交场合、在谈生意或和他人竞争时，必须全面深入了解对方内心深处的想法，才能"知己知彼，百战百胜"。

拉姆先生是一位纽约青年律师，有一次在美国最高法院为一个重要案件辩护。这个案件涉及大量资金和重要法律问题。

第七章 了解别人的性格，把握自己的命运
—— 知己知彼为你加分

在辩论中，最高法院的一位法官对拉姆先生说："海军法限制条文是六年，是不是？"

拉姆先生停止，注视某法官片刻，然后唐突地说道：

"审判长，海军法中没有限制条文。"

"法庭上顿时静了下来，"拉姆先生在事后叙述他的教训时说，"室内的温度好像降到了零摄氏度。我是对的，这位法官是错的，我却当众告诉了他。但那样会使他友善吗？不，我相信我有海军法作为我的根据，而且我知道我那次说话的态度比以前都好，但我没说服他。我犯了大错，当众告知一位极有学问的著名人物：他错了。"

拉姆对于海军法限制条文的观点没有错，可是他却犯了另一个错误：让法官当众露丑，这就触及了人性的弱点。

任何人，不论他如何坚强刚毅，多么自负自信，内心深处都有光明面和黑暗面。人们在刚交往时，通常都会呈现自己的光明面，而将黑暗隐藏在内心深处。这些黑暗面，就是人们常说的人性弱点。当人有了弱点，就会产生自卑感，可能是因为身体或生理上的缺陷，可能是因为家庭背景，可能是因为自己的工作或收入不高。因此，社会中每个人，可以说都带着自卑感过日子。这些自卑感，就是每个人心中的"地雷"。这个时候，唯有彻底地了解，才能谅解、包容和爱护对方，并拆掉对方心中的地雷。打个比方，你好心好意去问候某个人，却招致对方的雷霆之怒："好什么？好个屁！"假若事先知道对方正为失去爱子而悲痛，你就不会生气，还会抱以同情，原谅对方的无礼。只有透视人性弱点，才能掌握人际关系，否则一切都是空谈。因此，不论多么讨厌、多么自大、多么爱唠叨、多么自暴自弃的人，若能深入了解造成他这种性格的背景，就能使他努力改变自己，进而去了解、爱护别人，与人自然、真诚地相处。

只有透视了这些人性中的弱点，才能掌控人际关系，否则，一切都是空谈。

83 善待你的对手

"物竞天择，适者生存"是大自然的法则。如果没有竞争，就不会有优胜劣汰，也不会有自然界的进化。因此，动物们练就的非凡本领，正是你死我活生存竞争的结果。在人的一生中也同样充满了竞争，有人视竞争对手为眼中钉，肉中刺，殊不知，没有了竞争对手，你的人生并不会完美。

日本北海道盛产一种鳗鱼，许多渔民都以捕捞鳗鱼为生。鳗鱼的生命非常脆弱，只要一离开深海区，要不了半天就会全部死亡。当地一位老渔民天天出海捕鱼，返回岸边后，他的鳗鱼总是活蹦乱跳的。老渔民使鳗鱼不死的秘诀，就是在整舱鳗鱼中放进几条鲶鱼。鳗鱼与鲶鱼是出名的"对头"。几条势单力薄的鲶鱼遇到成舱的对手，便惊慌地在鳗鱼堆里四处乱窜，这样一来，反而倒把满满一船舱死气沉沉的鳗鱼全给激活了。

一家企业从中受到启发，成功找到了如何激发员工活力的方法。该企业老总认为，一个公司如果人员长期固定，就少了新鲜感和活力，容易产生惰性，找些外来的"鲶鱼"加入公司，制造紧张气氛，企业自然会生机勃勃。于是该公司每年都从外部中途聘用一些精干利索、思维敏捷、年龄在25—35岁的职员，甚至聘请常务董事一级的"大鲶鱼"，让公司上下的"鳗鱼"有"触电"的感觉。由于采取这一措施，企业内部始终保持了奋发向上的活力，企业绩效年年攀升。

在秘鲁的国家级森林公园，生活着一只年轻的美洲虎。由于美洲虎是一种濒临灭绝的珍稀动物，全世界现在仅存17只，所以为了很好地保护这只珍稀的老虎，秘鲁人在公园中专门辟出了一块近二十平方公里的森林作为虎园，还精心设计和建盖了豪华的虎房，好让它自由自在地

第七章　了解别人的性格，把握自己的命运
——知己知彼为你加分

生活。

虎园里森林茂密，百草芳菲，沟壑纵横，流水潺潺，并有成群人工饲养的牛、羊、鹿、兔供老虎尽情享用。凡是到过虎园参观的游人都说，如此美妙的环境，真是美洲虎生活的天堂。

然而，让人感到奇怪的是，从没人看见美洲虎去捕捉那些专门为它预备的"活食"。从没人见它王者之气十足地纵横于雄山大川，啸傲于莽莽丛林，甚至未见它像模像样地吼上几嗓子。

人们常看到它整天待在装有空调的虎房里，或打盹儿，或耷拉着脑袋，睡了吃吃了睡，无精打采。有人说它大约是太孤独了，若有个伴儿，或许会好些。

于是政府又通过外交途径，从哥伦比亚租来一只母虎与它做伴，但结果还是老样子。

一天，一位动物行为学家到森林公园来参观，见到美洲虎那副懒洋洋的样儿，便对管理员说，老虎是森林之王，在它所生活的环境中，不能只放上一群整天只知道吃草，不知道猎杀的动物。

这么大的一片虎园，即使不放进去几只狼，至少也应放上两只豺狗，否则，美洲虎无论如何也提不起精神。

管理员听从了动物行为学家的意见，不久便从别的动物园引进了几只美洲豹投放进了虎园。这一招果然奏效，自从美洲豹进了虎园的那天，这只美洲虎就再也躺不住了。

它每天不是站在高高的山顶愤怒地咆哮，就是有如飓风般俯冲下山岗，或者在丛林的边缘地带警觉地巡视和游荡。老虎那种刚烈威猛、霸气十足的本性被重新唤醒。它又成了一只真正的老虎，成了这片广阔的虎园里真正意义上的森林之王。

一种动物如果没有对手，就会变得死气沉沉。同样的，一个人如果没有对手，那他就会甘于平庸，养成惰性，最终导致庸碌无为。

一个群体如果没有对手，就会因为相互的依赖和潜移默化而丧失活

163

力、丧失生机。

　　一个行业如果没有了对手，就会丧失进取的意志，就会因为安于现状而逐步走向衰亡。

　　许多的人都把对手视为是心腹大患，是异己，是眼中钉、肉中刺，恨不得马上除之而后快。其实只要反过来仔细一想，便会发现拥有一个强劲的对手，反而倒是一种福分、一种造化。

　　因为一个强劲的对手，会让你时刻有种危机四伏感，它会激发起你更加旺盛的精神和斗志。

　　善待你的对手吧！千万别把他当成敌人，而应该把他当作是你的一剂强心针、一台推进器、一个加力挡、一条警策鞭。善待你的对手吧！因为他的存在，你才会永远是一条鲜活的"鳗鱼"，你才会永远做一只威风凛凛的"美洲虎"。

84 人缘体现人的综合素质

　　一个人的优良品质是其立身处世的根本所在，诸如诚实、正直、宽容、守信、善良等都是千百年来备受尊崇的美德，它们在人际交往中往往起着决定性作用。

　　在这方面尤以"诚"为最，因为没有人愿意与不诚实的人交往。

　　诚实是道德与智慧的高度融合，是人际交往的原则。人们通常把一个人诚与不诚作为衡量是否可以与他交往的标准。

　　诚乃交友第一原则，可是总有人无法做到以诚待人。他们仅仅看到眼前的利益，就不顾一切地去占有。这样做，或许能得到一时的私利，但失去的却是整个人。一旦走到了这一步，离失败也就不远了。

　　日本著名企业家吉田忠雄在回顾自己的创业成功经验时说过，为人处世首先要讲求诚实，以诚待人才会赢得他人的信任。离开这一点，一

第七章 了解别人的性格，把握自己的命运
——知己知彼为你加分

切都成了无源之水、无本之木。

初期，他做过一家小电器商行的推销员。开始时，他毫无业绩，但他坚定信念，从未想过放弃。有一次，他推销一种剃须刀，但是他发现他所推销的剃须刀比其他商店里的同类产品价格高，这使他深感不安，经过深思熟虑，他决定向客户说明情况，并主动要求向客户退还价款上的差额。他的这种以诚待人的做法深深感动了客户，他们不但没有收下价款差额反而主动要求向吉田忠雄订货，并在原有基础上增添了许多新品种。这使吉田忠雄的业务数额急剧上升，很快得到了公司的奖励，更为他以后的发展打下了良好的基础。

善于交流与合作，善于引导人去思考，善于用逻辑的力量和行动让人信服，这就是交流与合作的能力。专门培养领导人才的大师史蒂芬·柯维也指出：你希望别人怎么待你，你就怎么待别人。这就是人际交往的"黄金定律"。

对于21世纪的人们来说，要使自己常立于不败之地的关键和有助于改善人际关系的诀窍则是"白金法则"。在交流与合作能力中有一条重要的"白金法则"，它是依据古老的"黄金定律"演绎而成的，它能够很好地调整人际关系的秩序，宗旨是：别人希望你怎么对待他们，你就怎么对待他们。

简单地说，就是学会真正了解他人，然后以他们认为最好的方式对待他们，而不是我们中意的方式。这一点意味着善于花些时间去观察和分析我们身边的人，然后调整我们自己的行为，以便在交往中让他们觉得更称心和自在。它还意味着要运用我们的知识和才能去使他人过得轻松、舒畅，这才是"白金法则"的精髓所在。

"白金法则"几乎在任何人际关系问题的处理上都能助你一臂之力，它是打开人生凯旋之门的一把金钥匙。

85 建立良好的人际关系

拓宽自己的社交圈子，好处多多。人是复杂的，因此，社会更是复杂的。俗话说："千人千品，万人万品。"

拓宽自己的社交圈子，可以了解他人，认识社会。社交范围越大，接触的人也就越多，就越能了解更多人的品性，自己的头脑也能够变得智慧，避免简单化，克服片面性。

即使个别人在社交中受到愚弄，甚至遭人暗算，也可以"吃一堑，长一智"，这也是十分难得的人生经历。其实人生的很多经验，都曾经是痛苦的教训。

拓宽自己的社交圈子，可以捕捉到更多的信息。这是个信息的时代，谁捕捉到的信息新、准、快，谁的事业就会迅速发展。只有生活在一个巨大的社交圈中，才能认识更多的人，听到更多的事，掌握更多的信息。

拓宽自己的社交圈子，可以增加打拼的力量；拓宽自己的社交圈子，可以让他人了解你。只有扩大社交圈，在更大范围内表现自己，才会有更多的人了解你，赏识你，这样才能尽展所学，实现抱负。

在现实生活中，任何人都要与他人进行各种各样的交往，在交往中不可避免地有亲疏远近之分。来往比较频繁、相互感情比一般人亲近、互相帮助较多的人就有可能发展为朋友关系。因人们的世界观、兴趣、爱好各不相同，因此，朋友也有很多种类型，正所谓"人上一百，形形色色"。任何一个人都希望能够交上知心朋友，互相关心、互相帮助、共同进步，可是，所谓的知心朋友，他还必须是善良、坦荡、无私的，假如你所结交之人品行不端，即使他对你再好也是不可交往的。

拥有广泛的人际关系是一种十分重要的资源。人际关系不仅是日常

第七章 了解别人的性格，把握自己的命运
——知己知彼为你加分

生活的润滑剂，也是事业成功的催化剂。

独木难成林。没有朋友，没有良好人际关系的人注定很难成功。

人际关系就是财富、就是能力。良好的人际关系是一座挖不尽的金矿，是一笔无形的财富。特别是在人际交往中，人际关系的作用不可低估。

经济的飞速发展，带来了人际关系的重新排列与组合。在人际交往中，我们每个人都要学会与周围的人进行良好的沟通，与周围的人实现思想和感情两方面的无障碍交流。只有如此，我们才能为自己营造并维系一个良好的人际关系。

对于人际关系的维系，很多人都认为可有可无，甚至有些人会觉得这是在浪费时间，然而他们所不知道的是，人际关系的力量是巨大的。人作为一个独立的社会个体，是无法脱离群体而单独存在的。无论你是否愿意，你都必须要承认，在当今社会，没有任何一个人能够仅仅依靠自己的力量活下去。由此，当我们在探讨一个成功的典范时，最原始的评价基础是：这个人，不管他本身的能力怎样，假如没有周围各种关系的协助，他是无论如何都不能取得成功的。

每个人都生活在社会的圈子里，每个人都离不开人际交往，每个人的成功都与他的人际关系及处世技巧分不开。因此，要在建立良好人际关系的基础上，提高你的威望度。人际关系就是一张无形的网，成就事业的前提就是要有一个好的人际关系。

推荐要点：

自卑有两种，一种是被冷落的自卑感，一种是被宠坏的优越感。

在与他人交往中，你要首先学会正确识别反向行为。

无意识的冲动在意识层面上向相反方向发展，人的外表行为或情感表现与其内心的动机欲望完全相反，在心理学上称为反向形成或反向作

用、反向行为、矫枉过正，是心理防御机制之一。反向形成的心理基础，是由于内心汹涌澎湃的感情或冲动难以被他人所接受，为了抑制它而形成的与其相反的感情或行为。

这就是人性的弱点，在赞成中隐藏着反对，在恭维中隐藏着厌恶，这种心理的逆向作用，说穿了就是为了平衡内心的自卑感或不安。

首先就要观察他的眼睛，因为眼睛是最不会说谎的器官。

头发是人体最为重要的装饰品，从中可以看出人的性格趋向。

每个人都有自己习惯的站立姿势，不同的站姿可以显示出一个人的性格特征。

每个人的一生，其实都是在为自己的不足和缺陷寻求补偿或掩护。

一个强劲的对手，会让你时刻有种危机四伏感，他会激发起你更加旺盛的精神和斗志。

拥有广泛的人际关系是一种十分重要的资源。人际关系不仅是日常生活的润滑剂，也是事业成功的催化剂。

你希望别人怎么待你，你就怎么待别人。这就是人际交往的"黄金定律"。

白金法则：别人希望你怎么对待他们，你就怎么对待他们。

第八章 克服人际交往中的性格弱点
——良好的人际交往为你加分

社会心理学研究表明，那些在人际交往中颇受好评，很得人缘的人一般具有以下特点：乐观、聪明、有个性、独立性强、坦诚、有幽默感、能为他人着想、充满活力等等，当然，不是说这些特点都具备才能有好的人际交往。而那些在人际交往中不太受人欢迎的人具有以下几个特点：自私、心眼小、斤斤计较、孤傲、依赖性、自我中心、虚伪自卑、没有个性等等。有了以上的参照标准，大家就可对照自己，扬长避短。

88 克服自卑心理

美国心理学家的研究表明，儿童时期如果各项活动取得成绩而得到老师、家长及同伴的认可、支持和赞许，便会增强他们的自信心、求知欲，内心获得一种快乐和满足，就会养成一种勤奋好学的良好习惯。相反，他们会产生一种受挫感和自卑感。个体自卑感的形成主要是社会环境长期影响的结果。

自卑的浅层感受是别人看不起自己，而深层的理解是自己看不起自己，即缺乏自信。

自卑的心态就像一条啃噬心灵的毒蛇，不仅吸食心灵的新鲜血液，让人失去生存的勇气，还在其中注入厌世和绝望的毒液，最后让健康的肌体死于非命。

在人生崎岖的道路上，自卑这条毒蛇随时都会悄然的出现，尤其是当人劳累、困乏、迷惑时，更要加倍的警惕。偶尔短时间地滑入自卑的状态是很正常的现象，但长期处于自卑之中就会酿成一场灾难了。自卑的根源在于过分低估自己或否定自我，过分重视他人的意见，并将他人看得过于高大而把自我看得过于卑微。

只有控制住自卑心态，人们才敢于积极进取，成为一个有主动创造精神的人；才能开拓事业的新局面，为成功打下坚实的基础；也才会有积极的人生态度，活得开朗、开心；才会勇于承担责任，成为一个有责任心的人。而任何一个在事业上有所作为的人，都是有责任心的人。只有摒弃自卑，才会在平时积极思考；才会积极跨越各种各样障碍，成为一个不怕困难的人；才会积极主动地去结交新朋友，改善和老朋友的关系。

自卑所造成的问题是不论你有多么成功，或是不论你有多么能干，

第八章 克服人际交往中的性格弱点
——良好的人际交往为你加分

你总是想证明自己是否真的是多才多艺。换言之，很多人都倾向于为自己设定一个形象，而不肯承认真正的自我是什么。

举个例子来说，如果你一直希望自己成为特别苗条的人，总是担心自己瘦不下来，每次在量腰围时你就会担心，而完全忘了你的身体正处在最佳的健康状态。

你总是把自己认为的劣势时刻放在脑子里，提醒自己的不足，并把这些不足与他人的优势相比较。因而，越比越觉得自己不如他人，越比越觉得自己无地自容，从而忽略了自身的优势，打击了自信心。

假如让自卑控制了你，那么，你在自我形象的评价上会毫不怜悯地贬低自己，不敢伸张自我的欲望，不敢在他人面前申诉自己的观点，不敢向他人表白自己的爱情，行为上不敢挥洒自己，总是显得很拘谨畏缩。同时，对外界、对他人，特别是对陌生环境与生人，心存一种畏惧。出于一种本能的自我保护，便会与自己畏惧的东西隔离和疏远，这样便将自己囚禁在一个孤独的城堡之中了。假如说别的消极情绪可以使一个人在前进路上暂时偏离目标或减缓成功速度，那么一个长期处于自卑状态的人根本就不可能有成功的希望，甚至已有的成绩也不能唤起他们的喜悦、兴奋和信心，只是一味地沉浸在自己失败的体验里不能自拔，对什么都不感兴趣，对什么都没有信心，不愿走入人群，拒绝别人接近。

世界上大多数不能走出生存困境的人，都是由于对自己信心不足，他们就像一棵脆弱的小草一样，毫无信心去经历风雨，这就是一种可怕的自卑心理。

自卑，即对自己的知识、能力、才华等做出过低的估价，进而否定自我。自卑的人在交往中，虽有良好的愿望，但总是怕别人的轻视和拒绝，因而对自己没有信心，很想得到别人的肯定，又常常很敏感地把别人的不快归为自己的不当。有自卑感的人往往过分地自尊，为了保护自己，常表现得非常强硬，难以让人接近，在人际交往中变得格格不入。

自卑心理源于心理上的一种消极的自我暗示，很多心理学家指出，自卑感和本人的智力、受教育程度、所处的社会地位等因素无关，而仅仅是对"自己不如他人"的确信。所以，要克服和预防自卑心理，首先要敢于正视自己的不足。人无完人，每个人都有自己的优缺点，对于一些不可改变的事实，如相貌、身高等等，完全可以用别处的辉煌来补，大可不必自惭形秽。其次，要正确地与人相比，自卑感重的人往往很善于发现他人的长处，这本身不是坏事，可是他老是用别人的长处和自己的短处比，不是激发起奋起直追的勇气，而是越比越泄气，从而贬低、否定自己，以偏概全。其实，人各有所长，自己不可能事事都强于别人，反过来也一样。要防止和克服自卑感，要注意不可以对自己提出过高的要求，在选择目标时除考虑其价值和自身的愿望外，还要考虑其实现的可能性。与其追求那些不切实际的东西，还不如设立一些较为现实的目标，采用"小步子"原则，不断地使自己得到鼓励。最后一点，要锻炼自己的心理承受能力，不要因为一次失败而一蹶不振，或因自己某一方面的过失而全盘否定自己。

87 培养开放人格

社会开放了，我们的心扉也要向社会敞开，物竞天择，适者生存，从生物进化论的角度来看，既然世界需要交际来促使自身进步，改变自身命运，我们就没理由把心扉关闭，在天意和自卑的阴影中孤独地走完生命的历程。

自卑者一般都比较孤僻、不合群，容易把自己孤立起来。心理学家认为，当人独处时，心理活动就会转入内部，朝向自我。自卑的人如果长期一个人独处，心理活动的范围就会变窄变小，只能在某一个问题上转，加之个人认识的局限性，就会使心理活动走向极端，使自己陷入自

第八章　克服人际交往中的性格弱点
——良好的人际交往为你加分

卑之中不能自拔。如果你培养自己开放的人格，愿意与人交往，情况则大不一样，你的注意力就会被他人所吸引，感受他人的喜怒哀乐，心理活动就不会局限于个人的小圈子里，心情就会好起来，性格也会变得开朗。

通过与人交往，可以向他人倾吐自己的心事，抒发受压抑的情绪。人的情绪，如向他人表露出来，可以从他人那里得到安慰，同时心情会变得轻松。

通过与他人的交往，就能正确地认识他人的长、短处，通过对比来正确认识自己；就能够了解到他人对自己的评价，调整自我，提高自信心。

通过与他人交往，可以从他人那里学到更多的知识经验，扩充自己的学识，减少自卑感。经常与人交往，活跃气氛，潜移默化地改变自己的自卑心理。

性格内在的相互作用，是心灵的磨炼过程。这个过程，如果没有正确的标准做导引，那么作用的结果，很可能不太乐观。如果一个人性格中充满自信，但也具有很强的傲慢气质，当傲慢主宰自信的时候，性格中的专横跋扈、目中无人甚至不可一世，便可能凸现。这对一个人的成功，无疑是致命的障碍。性格就像长长的影子，拖在生命的背后。当这个影子变得很暗很暗时，也就会将生命拖得很重很重。

培养优良的性格，寻找性格系统中的亮色，是一项很有意义的工作。

性格的形成过程微妙而复杂，受先天与后天的影响巨大。人们常说："江山易改，本性难移。"由此，建构首先需要扬弃，而扬弃的前提是要学会分析与鉴别。哪些性格的取向是生命的暗影，需要大刀阔斧地去丢弃？哪些性格是不需要修正便可去粗取精的？哪些性格又是人性中的精良品牌，需要精心地呵护、全力打造？建构和扬弃是一个不能分割的过程，将这个过程认真地履行下来，也就培养了开放的性格。

培养开放的性格，是走向成功的必要准备。它不仅让人获得新的生命亮点，同时，还使人脱离不良性格的纠缠，将那个可怕的暗影彻底甩掉，从而走向人生的新境界。

88 抛弃唯我独尊的自大性格

现实生活中人们总会看到这样一些人，他们滔滔不绝而又斩钉截铁地表达自己不容辩驳的观点，他们的态度表明自己在这些事情上是不会出错的，他人只需无条件地服从就可以了。有时，他们还会绷紧面孔、颐指气使地指挥他人，好像自己就是君临天下的统治者。他们只关心个人的需要，强调自己的感受，在人际交往中表现为目中无人。与同伴相聚，不高兴时会不分场合地乱发脾气，高兴时则海阔天空、手舞足蹈讲个痛快，全然不考虑别人的情绪和别人的态度。另外，在对自己与别人的关系上，过高地估计了彼此的亲密度，讲一些不该讲的话。

这种唯我独尊的态度能够得到什么好处吗？当然不能，反而会使自己在交际中被孤立，难以和他人相处。而过于亲昵的行为，反而会使人出于心理防范而与之疏远。

具有这种弱点的人往往想当然地以为这种态度是那些伟大人物或领袖们所独有的，它是充满自信的表现。然而，遗憾的是，他们错了。那些真正的人物或领袖从来不说太过自信的大话，他们敢于不顾自己的身份而拿自己开玩笑。这种与多数平凡人打成一片的态度，才成为他们成功的有效助力。

爱迪生说："有许多事我以为是对的，但是实验之后，我却错了，因此无论对任何事我都没有一种很自信的判定，如果某事临时让我觉得不对，我便可以马上抛弃。"一个人要有随时能改变自己错误判断的勇

第八章 克服人际交往中的性格弱点
——良好的人际交往为你加分

气,这样才能使自己少犯错误。

不要说太过自信的话,这是一条很好的交际原则。假如你能坚持这一条原则,即使将来发现你曾经说过的话有错误时,也不必收回。你应该知道:你所表达的意思或信仰,毕竟还只是你个人的意见和信仰而已,而他人也还保留着他自己的意见与信仰,并且拥有取舍的权利。做到这一点,他人自然不会盯着你的错误不放,而你也不用为自己的面子而坚持错下去,这样一来,自然就避免了陷入唯我独尊的可怕境地。

每个人都知道,你的意见所根据的基础越不稳,就越容易导致武断和自以为是。人们这种过度的肯定,无非是想遮掩对自己意见的某种疑惑。假如你能够摆脱这种想法,你就会养成"我和别人是平等的,我不应该用命令式而应该用协商式去和别人相处"的好习惯。

自傲与自卑相比,也源于错误的自我估价,自傲者喜欢过高地估计自己,在交往中表现为妄自尊大、自吹自擂、盛气凌人,而且不愿和自认为不如自己的人交往。这样的人当然不会受到别人的欢迎。自傲者一旦受挫,往往会较为自卑。自傲者要学会尊重别人,善于发现别人的优点,这样才有利于评价自己,还要会严于律己、宽以待人。

一位著名的心理学家曾经说过,男人和女人都不过是长大的小孩儿。大家的生理年龄无论有多大,也不可能事事都处理得娴熟自如,大人也会犯和小孩儿同样的错误。因此,人们在交际场合中,无意的失误是常有的事。有时不妨"有意破坏"一下自己的形象,拿自己开个玩笑,或"揭自己的短",或许反而能够取得别人的爱戴。同时,还可以调节一下气氛,让别人觉得你平易近人。

在日常交际中,如果你抛弃了唯我独尊,会得到意想不到的好处。

89 改变过分害羞的性格

有自卑感的人大都性格内向、羞涩，行为内敛，在与人交往中过多地约束自己的言行，以致在交谈中紧张、不自然，无法坦率地表达自己的思想感情，难以与人建立正常的亲密友谊，甚至影响自己才能的发挥，使自己处于被动地位。

羞涩性格产生的原因是什么呢？害羞是先天还是后天的呢？

从心理学的角度看，害羞既有先天因素又有后天因素。天生害羞的人是少数，主要与人的神经活动类型和生理缺陷有一定的关系。先天因素的影响是有限的，更重要的是受早期父母教育模式、学校教育及周围环境等后天因素的影响。美国心理学教授泰姆巴杜曾对数以万计的对象进行调查，结果发现：有害羞表现的成人，其中有四分之一在儿童时代并不害羞；也有相当多的有害羞表现的儿童，长大后无此表现了。许多名人，如美国总统卡特，四次奥斯卡奖获得者、著名影星凯瑟琳·赫本等竟然也曾有过害羞的心理特点。这说明害羞主要是后天逐步形成的。

有害羞表现的原因，主要是有较强的自尊心，过分注意自我；患得患失之心严重，担心被人耻笑；有的是因为从小缺乏社交生活的锻炼，他们在幼年时期，一般都跟随家里的成人长大，从小没有注意培养他们与陌生人打交道的能力，形成了胆怯的早期经验，长大后便特别怕羞；还有的是因为生活多次遭受严重挫折，精神受到沉重打击，因而形成了一种以退缩、耻于进攻的方式来谋求心理平衡的习惯。

一位女青年在日记中写道："家里人说我小时候大胆、活泼，可长大后我就渐渐发现自己特别害羞。课堂上不敢大声发言，有问题不敢问老师，见陌生人不知道说些什么好，心里很紧张……我知道现代社会需要人的自我推销能力，需要大刀阔斧的开拓能力，而我却偏偏特别害

第八章 克服人际交往中的性格弱点
—— 良好的人际交往为你加分

羞,这怎么能适应竞争激烈的未来社会呢?上帝呀,害羞的我究竟该怎么办呢?"

这位女青年在自己的日记中,描述了自己因害羞而产生的苦恼,倾吐了自己试图摆脱害羞的急迫愿望。实际上,害羞这种心理现象在青少年的感情生活中具有较大的普遍性。生物学之父达尔文曾说,害羞是人类特有的复杂感情。美国曾有人对高中学生做过调查,发现50%的男生和60%的女生是害羞的。关于中国人的害羞,社会学家认为55%的人觉得自己是害羞的,其中女性尤为严重。只有0.4%的人一生中从来没有害羞过。

有人认为,害羞不一定是缺点,在某些特定的情境中也具有可取之处。因为有害羞表现的人,可令人觉得神秘,从而博得了人们的喜爱和垂青。特别是初恋中的女子,因害羞而两颊绯红,更易赢得男朋友的欢心。他们还认为,有害羞心的人会去珍惜自己的荣誉和人品。不过,过度害羞会导致退缩、自卑、焦虑,不利于人更好地适应现代社会生活,它是人们个性成熟的一个障碍。

害羞的原因既然大部分是后天形成的,因此完全可以改变,可以试用以下的方法:

(1) 要敢于在众人面前亮相

日本有个专门训练管理人才的学校,为改变学员害羞的习惯,让学员穿着笔挺的西装,赤着双脚到公园走一圈,或者让他们在陌生人面前若无其事地演说20分钟。通过这种方法,他们成功地使学员摆脱掉害羞的毛病。这种方法之所以十分奏效,原因在于,害羞之人常常不敢在众人面前亮相,而学校则是抓住了这一点,使学员经常在众人面前亮相,久而久之,学员面对众人就能泰然自若,没有丝毫害羞之感了。因此,你若想摆脱害羞,不妨尝试着运用这一方法。如你实在难为情,没有这个勇气,可摸索一些过渡的方法。如你害怕在大庭广众之下发言,可在开会前拟好讲稿,自行练习几遍,直至胸有成竹。在开会发言时,你因熟悉所讲内容，语言流畅，心情也就镇定，害羞的程度自然就降低，甚至无影无踪了。

（2）要寻找榜样

矫正自己的害羞，还可以采取寻找榜样的方法。社会心理学研究表明，交往的对象影响自我表现的程度。有个十分有趣的实验：实验人先请甲和乙对他们自己进行自我描述，然后让甲与一个自负、好夸张的人在一起，让乙与一个谦虚谨慎的人相处。一段时间后，再让甲、乙两人重新进行自我评价。结果，与自负的人相处的甲，第二次自我描述中明显增加了自我肯定的、积极的个性品质；而与谦虚的人相处的乙，第二次自我描述则减少了肯定的品质，增加了消极的品质。因此，害羞的人最好寻找具有开放、天真、潇洒、刚毅性格特征的人作为朋友，以他们为榜样。通过互相接触，他们会对害羞的人产生潜移默化的影响，从而使害羞的人克服掉害羞心，或增加社会经验，锻炼与陌生人打交道的能力。

（3）要燃烧起自信的火炬

黑格尔说过："人应当尊重他自己，并应自视能配得上最高尚的东西。"害羞的人，总是自我感觉差，为自己的短处而自惭形秽。因此，改变自我观念，经常想到自己的长处，树立自信，增强个人的自豪感，才会在人际交往中、工作生活中，大胆地表明自己的看法，坦率自然地与别人交换意见，沟通情感，走出封闭、孤寂的内心世界。让你自信的火炬燃烧起来吧，害羞的人！

（4）正常的社会交往，应该掌握一定的技巧

害羞的人，在别人面前常常不知道该说些什么，这就表明缺乏人际交往的技巧。掌握了如何待人接物，如何引出话题，如何使谈话继续或终止，如何阐明自己的见解，会有助于害羞之人摆脱害羞，步入欢快的天地。下面是一些可供参考的具体办法。

①要从服装着手。俗话说："佛要金装，人要衣装。"当你去应酬、

第八章 克服人际交往中的性格弱点
——良好的人际交往为你加分

面试或见陌生人时,可以精心地打扮一番,这样可以给人留下一个好的印象,造成一个愉快的氛围。在愉快的气氛中,紧张害羞往往会烟消云散。

②要微笑招呼。遇见熟人、朋友时,面带微笑,主动热情地打招呼,既有助于自己心情开朗、精神焕发,也会获得他人更多的关心和交往。与陌生人主动热情打招呼,同样可以获得广泛的联系和有意义的信息,这可从与小孩、老人的联系开始。

③要主动地帮助别人。在许多场合下,人们都需要帮助。你如果主动真诚地帮助别人,会从中获得不少社会交往技巧,也会忘记自己的担心、烦恼和害羞。

④要主动地赞美别人。人都希望得到赞许,主动地赞美别人,可以促进交往的效果。对别人的赞美必须是具体的,如头发的发式、领带的颜色、工作成果、个性魅力等。欣然地接受别人的赞美也是重要的,但记住对别人的赞美要高兴地还以谢谢。心理相容的交往气氛可以增加你交往的兴趣,从而消除害羞。

⑤要借物说话。亲密的人际关系会有助于克服害羞。主动地与交往对象谈论书刊、文艺作品、影视节目等话题,可折射出个人的志向、兴趣,这能吸引志趣相投者,加深亲密关系。

⑥要主动提出问题。交往时要有备而去,这对害羞者显得尤为重要。准备的内容包括自己主动提出的话题,如与对方背景、兴趣相关的内容,也包括对方可能提出的话题。这样,交往时才能避免尴尬的场面。

处在当今这个开放和竞争的大时代,仍是副忸忸怩怩、羞羞答答的心态和性格,显然是落伍了。即便你才高八斗、学富五车,不表现出来又有谁知道你?即便你藏珠蕴玉、胸怀丘壑,不显露出来又有哪个赏识你?将才华和盘托出,还未必在激烈竞争的局面中占得一席之地,藏藏掖掖自然就得常坐冷板凳了!

90 消除说话时的心理屏障

在现实生活中,有这样两种人。第一种是有自卑心理的人,每当在众人面前讲话、发言时,他们总是面红耳赤、心惊胆战;第二种人为数不少,他们总是喜欢嘲笑不会说话的人,当一个善良、纯真的人出现在大家面前,因为太过紧张以至于口齿不清或逻辑颠倒时,他们就不遗余力地嘲笑、讥讽他,让他无地自容。由于有这两种人的存在,所以社会上出现了大量的恐惧说话者。

怎样才能消除说话时的心理屏障呢?

(1)鼓足勇气,面对挑战

一般地讲,人际交往中自卑感严重的人,大多是内向性格。他们感情脆弱,体验深刻,多愁善感,常常自惭形秽,觉得自己处处不如人,总感到别人瞧不起自己,特别害怕别人伤害自己。当众说话时他们满心焦虑、恐惧,为自己设下一座无法超越的心理屏障。

患上这种说话恐惧症的人怎样才能摆脱这种令人懊恼的困境呢?答案只有一个,那就是:鼓足勇气,面对挑战。

一个人说话能否成功,与他是否具有说话的胆量关系重大。如果我们纵观古今中外,就会发现,世界史上的善辩家,有很多都是在最初被认为是说话笨拙的人,像林肯、田中角荣等世界著名的演说家的第一次演讲都是失败的。那么,他们为何会在如此差的基础上获得如此令人惊奇、注目的成功呢?除了勤奋、坚持不懈地努力练习之外,恐怕勇敢面对现实,大胆面对挑战,不能不说是个他们成功的一条主要原因。

出生于雅典的狄里斯可谓是典型的一例了。狄里斯在西欧被称为"历史性的雄辩家"。据说,他天生声音低沉,且呼吸短促,口齿不清,旁人经常听不清他在说些什么。

第八章　克服人际交往中的性格弱点
——良好的人际交往为你加分

当时,在狄里斯的祖国雅典,有很严重的政治纠纷,因此,能言善辩的人便格外受重视,引人注意。尽管狄里斯是一个知识非常渊博、思想十分深邃的人,很擅长分析事理,能预见时代潮流和历史发展趋势,但是,他认为自己缺乏说话的技巧,是很容易被时代所淘汰的。于是他做了一番周密细致的思考,准备好了精彩的演讲内容,第一次走上了演讲台。不幸的是,他遭到了可怜的失败,原因就是在于他低沉的声音、肺活量不足和口齿不清以至于听者无法听清楚他所言何事、何物。

但是狄里斯并不灰心,他反而比过去更努力训练自己的说话胆量。他每天跑到海边去对浪花拍击的岩石放声呐喊;回到家中,又对着镜子观察自己说话的口型,做发声练习,一直坚持不辍。狄里斯如此努力了好几年,终于工夫不负有心人,再度上台演说时,博得了热烈的喝彩与掌声,并一举成功,遐迩闻名。

有人曾问英国著名文学家萧伯纳:"你是怎样学会那么精彩的演讲的?"他回答说:"就跟我学溜冰的方法一样,就是出丑也在所不惜,直到我娴熟为止。"年轻的时候,萧伯纳也曾是个害羞的人,他常常在想去拜访的人家屋前来来去去走上20分钟,始终不敢上前去叩门。对此他曾有感而发:"大多数受苦最深的演唱是那种简单的懦弱,或者对它深以为耻地难过。"

后来,萧伯纳终于找到了克服羞怯的好办法。他下定决心要化弱点为长处,鼓足勇气,面对挑战。他拿出超人的勇气,参加了辩论社团。只要有公开讨论的辩论会,他是逢会必到,而且一定要参加发言,据理力争。萧伯纳的努力终于得到了回报,他一举而成为当时最出色的演说家之一。

如果说狄里斯、萧伯纳的事例还不够典型的话,那么,长期任菲律宾外交部长的罗慕洛的一次成功演说则更能说明自信心的无比重要。

1945年,联合国创立会议在旧金山举行。罗慕洛作为一个当时还未独立的国家的代表团团长,个子十分矮小,仿佛显得无足轻重。他被应邀发表演说，讲台和他差不多高，但罗慕洛没有胆怯而是镇定自若。等到大家静下来，他鼓足勇气说了一句："我们就把这个会场当作最后的战场吧。"全场顿时寂然，接着爆发出一阵掌声，罗慕洛出口不凡，引起轰动。他放弃了预先准备的演讲稿，畅所欲言，思如泉涌，取得了巨大的成功，令在场的无数外国高手刮目相看。后来，他的一些精辟的言辞还被报纸登载出来。

我们完全可以设想，倘若罗慕洛当时因自己无足轻重、不惹人注目而胆怯，就可能失去这次充分展示自己才华的机会。

因此，勇敢是善于言辞的重要前提。

（2）博学善辩，增强说话的底气

渊博的学识有助于提高你的口头表达能力，有助于你适应各种不同的交际场合。无论你在何种场合，如果你拥有渊博的学识，就会使你如鱼得水，游刃有余。

可以这样说，世界上能够做即兴演说，并且在演说中口若悬河，完美无缺的人几乎没有。因为，像这样的演说一没有备忘录，二没有展示品，思想上、意念中均没有任何准备。然而，敢在没有任何准备的情况下，从容不迫地侃侃而谈的人却大有人在，并且这种人往往很受欢迎。

说话能力要达到如此的水平当然有很大难度，但也并非可望而不可及。只要你有渊博的学识，并掌握了其中的秘诀，又能不断加以练习，想侃侃而谈也就不在话下了。

在生活中增长自己的知识，丰富自己的人生阅历，并且多思考、勤开口，你的随机应变能力才会大大提高。这样你就能上知天文、下知地理，在人生的旅程中游刃有余。

据说，德国末代皇帝威廉二世，最爱吹牛。有一次，他到英国访问，公然声称他是唯一对英国友善的德国人，因为有他，英国人才不至于被苏俄和法国所糟蹋；也是由于他，英国才打败了南非的波尔人。这样一些令人难以置信的话，竟出自一位皇帝之口，欧洲各国议论纷纷，

第八章 克服人际交往中的性格弱点
——良好的人际交往为你加分

英国人尤其愤怒。德国的政治家们惊慌失措，不知如何是好。

德皇意识到自己犯了错误，但又没有勇气承认，于是他找来大臣布罗亲王，想让他做自己的替罪羊。他授意布罗亲王：是他建议皇帝说了那些荒唐的话。布罗亲王当然难以接受威廉二世的授意，德皇为此大为恼火。

为了说服德皇，布罗亲王调整了策略，对德皇说："微臣没有资格说刚才的话。陛下在许多方面的成就，臣都不敢望其项背。军事知识如此，自然科学知识也如此。臣曾听过陛下谈论晴雨表、无线电和X光，而我在这些方面几乎一无所知。但是，"布罗亲王继续说，"臣正好有些历史方面的知识，这可能对政治有些用途，尤其是外交政策。"

仅仅这几句话，使德皇转怒为喜，他笑着安抚布罗亲王："老天！我不是常告诉你，咱们是最佳搭档、互补有无吗？我们应该永远在一起，我们会的！"

布罗亲王就这样奇迹般地平息了傲慢自负的德皇威廉二世的恼怒情绪。而这来源于他心中的底气。

有了说话的勇气和胆量，又掌握了说话的技巧，你就有了胜人一筹的法宝。如果你又具备了渊博的学识和丰富的生活体验，那对你来说无疑是"如虎添翼、锦上添花"。

91 死要面子活受罪

要面子固然没错，可也不要"死要面子活受罪"。

责怪他人，逼迫他人认错，或者损害他人的脸面，这些在为人处世中均不可取。而另一方面，对于自己的错误勇于承认，也是做人必不可少的态度。所谓"宽以待人，严于律己"，自己犯了错误，应勇于承认，而且越快越好，这也是一种保住脸面的策略。一味硬撑着，只会为了面子活受罪，到头来后悔不已。

曾有一位退休的机械工程师，他对事情是否做到精确无误的关心，超过了关心自己的事业是否成功。他认为被他人指出错误的人就像个笨蛋一样，无论错误是不准确的测量、观测的角度不对、错误的结论，还是无效的评估，这些对他来讲都一样。他最喜欢说的一句话是："你不可以在别人面前丢脸。"事实上，只要是人皆会出错，这位工程师也不例外。为了保全自己的面子，即使他心里知道自己做错了事情，也会在大庭广众之下装出一副自己没有错的样子。更为可笑的是，他对不知道的事也会装出一副十分懂的样子，在他身边工作的人当然很受不了他这一点，因此，这位工程师失去了应有的尊敬。

当然，无论做什么事，我们都希望自己是对的。当我们得出正确的结论时，我们会感到很高兴。当老师对学生说"你答对了"，学生会觉得骄傲和快乐。相反，假若老师说"你答错了，你没有通过考试"，那么，学生就会因害怕自己又答错，反而不敢回答问题了。但大部分人都应知道，在人们所做的事情中，很少有人能说哪些事情是百分之百正确或百分之百错误的。然而，不管是在学校也好公司也罢，还是从事农业生产或是在运动场上，都只是要求我们做出正确的事情。

结果很多人都在充满防御的心理下长大，而且学会掩饰自己的错误。还有一种人，他们在被指出错误之后，因为害怕再犯错，干脆就什么事情也不做，从而产生既紧张又抵触的心理。

当然，假若采取相反的态度，即对任何事情，都认定我对你错，这也是不明智的。一句话讲得好："或许你会因此而赢得某场战役，可是你最后可能会输掉整场战争。"

有一部分人不仅坚持认定自己无时无刻都是正确的，而且他们在赢了之后，还会在他人面前炫耀、自我吹嘘一番。

对这些人我们要奉劝：与其装出一副自己什么都对、洋洋得意的样子，倒不如做错事时勇敢承认比较明智一些。假若一个令人难以忍受的

第八章 克服人际交往中的性格弱点
—— 良好的人际交往为你加分

人在你做错事情的时候贬抑你，你内心应清醒地明白这个人的心理大概是有些问题。同样的道理，对于那些斩钉截铁地说自己对并常常要证明自己是对的人，人们也会对他抱着敬而远之的态度。

我们经常会见到一些人的婚姻处于摇摇欲坠的状况。其根本原因，总不外乎是丈夫和妻子各持己见，坚持自己是对的缘故。假若他们能证明对方不对的话，往往会得理不饶人。这种行为根本不可能增进夫妻间彼此的爱和关怀，相反却会使彼此之间充满了竞争和抵御的气氛，最终导致离异。

要解决此种危机，关键之处在于：我们必须了解任何一个人都会出错的道理。当你做错事情时，不要为了装出一副对的样子而掩饰自己的过错。其实，意识到自己所犯的过错，往往会对自己有所帮助。这种举动不仅能使人们从错误中吸取教训，而且他人也会觉得你真实诚恳，从而会更信赖你。

"我很抱歉！""我疏忽了！""我错了！"诚实地招认自己的过错，会使你得到他人的信赖和尊重；否认或掩饰自己犯下的过错，会妨碍自己人格的成长。

92 不会社交的人寸步难行

交往，是人生在世最重要的生存方式。不会交往的人，从某种意义上讲，不是一个成熟的人。交往，既可改变命运，又能提高生存的质量。

所谓人际关系，就是感情和关系网络。人际关系是创造财富的有效方法。全世界最成功的人都是人际关系较好的人。多个朋友多条路，再顶天立地的英雄，离开别人的帮助也将一事无成。波斯文学家萨迪曾说："蚊子如果一齐冲锋，大象也会被征服。"想要拓展人生，就必须精心编织一张属于自己的社会关系网。

拓展人际关系，应从培养社交型性格入手。社交型性格的特点是活泼、外向、热情、爽快、喜欢交际、富有爱心。拥有这样的性格，你会人缘旺盛，事业亨通。

学会社交就是学会生存。人在世间，不可能不与人交往。卡耐基认为，只有想办法去认识更多的人，并使这些人都成为自己的朋友，才是人生真正的应酬策略。

人生一场，既是索取，又是给予。除了责任与义务意义上的索取与给予外，还有功利意义上的索取与给予。要实现这种索取与给予，交往便是载体和媒介。交往，就是交而往之，既包括朋友之间的交际，也包括世俗层面的礼尚往来。朋友之间的交际，其基础是真诚守信，而礼尚往来的规则则是富于人情味和世俗性。因此，交往，是不可远离世俗的，应以平常的心态、凡人的心性去结识陌生人。要知道，朋友首先是陌生人，然后才是朋友。

在这样一个地球越来越小的年代，交往型性格，愈见其长处。封闭就意味着孤陋寡闻。只有敞开心胸，广交朋友，天下的路才能任你自由行走。所谓财源滚滚，必须渠道畅通。否则，闭塞间隔，财如无源，何以滚滚？

没有朋友难成大事。有多少功成名就的人物，当初假若不是朋友的鼓励帮助而使得他们牢牢地坚守自己的阵地，恐怕早已在事业生涯中的某些危急时刻放弃，甚至偃旗息鼓了。假如人生没有朋友，生命将是一片荒芜贫瘠的沙漠。

朋友是你的依靠，也是你人生的资本。失去朋友，你就会陷于无助的境地，会深感恐慌。

社交是一种艺术，与自己喜欢的人交往，往往是一种冲动和向往。社交的艺术更主要体现在与自己不喜欢的人交往。

怎样与不喜欢的人交往呢？首先，要对其进行品质的鉴定，看看他

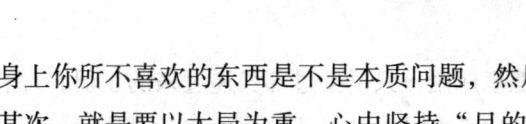

第八章 克服人际交往中的性格弱点
——良好的人际交往为你加分

身上你所不喜欢的东西是不是本质问题，然后要避其要害，择善而从；其次，就是要以大局为重，心中坚持"目的论"的原则，有意忽略那些没必要的枝节问题；再次，就是要能够学会影响朋友。假如你的人格高尚，你就用高尚的人格影响他。能够让一个人改变庸俗、惰性，是一项伟大的事业。还要懂得接受朋友的影响，假如你发现，你的"不喜欢"是因为自己的个性使然，你就应尝试放弃这个个性，去适应朋友的个性。

此外，社交还有许多技术层面的学问。如履行必要的过程，不能忽略交往中的细节，充分发挥电话、贺年卡等媒介的沟通作用等。

社交需要投入，必须投入的时候，千万不能小气；没必要"埋单"时，也不能大大咧咧，那样反被他人瞧不起。

93 礼貌的价值

人际关系的交往中往往还体现着礼貌修养，对人以礼相待的人都是受欢迎的人，没有谁喜欢粗暴的人。

《晏子春秋》曰："凡人之所以贵于禽兽者，以有礼也。"礼貌是人际交往中相互之间表示尊重和友好的一种言行方式和规范，是人类文明的一个标志。

礼貌到底有什么价值呢？

某高校应届毕业生实习时，被老师带到北京的国家某部委实验室里去参观。在会议室里等待部长到来时，有秘书给大家倒水。同学们都表情木然地看着这位秘书忙活，其中一个还问"有绿茶吗？"当轮到一个叫林晖的学生时，她轻声说："谢谢，大热天的够辛苦了。"这客气的话语虽普通，却让秘书在那样的情境下顿感惊奇。部长进来与大家打招呼，林晖礼貌地鼓起了掌，另外那些同学这时才稀稀落落地跟着拍手，十分零乱。接下来，部长给大家发送纪念手册。更尴尬的事发生了，其他的同学都坐在那里，很随意地用一只手接过部长递过来的手册，部长的心里很不是滋味。到林晖的身边时，林晖礼貌地站起，身体微倾，双手接过手册恭敬地说了一声："谢谢您！"这让部长眼睛一亮。正是林晖的礼貌举动，让部长记住了她。

毕业分配时，她被点名去该部委实验室工作。

礼貌是个人、组织外在形象与内在素质的集中体现。对于个人来说，适当的礼仪既尊重别人同时也是尊重自己的体现，在个人事业发展中起着决定性作用。它提升人的涵养，增进了解沟通，细微之处显真情。对内可融洽关系，对外可树立形象，营造和谐的工作和生活环境。

我们在工作中常常不经意间在稀松平常的事情上做出的动作可能正是不符合礼仪要求的，但正是这些被人们认为稀松平常的事却体现出一个人的涵养来。

俗话说"礼多人不怪"，懂礼节、遵礼节不仅不会被别人厌烦，相反还会使别人尊敬你、认同你、亲近你，无形之中拉近了同他人的心理距离，也为日后合作共事创造宽松的环境，会使事情向好的方面发展，也会有个好的结果。相反，若不注重这些细节问题，就可能使人反感，甚至会使关系恶化，导致事情朝坏的方向发展。所以，在把握原则问题的前提下还应注重礼节，并尽可能地遵守这些礼节。

正是因为礼貌在人际交往中具有不可忽视的作用，有时甚至决定事情的最终结果，所以，在现代社会，任何人都不能轻视礼貌，礼貌是你成功的重要因素！

94 朋友比金钱贵重

我们必须懂得多个朋友多条路的道理。每个人的进步，都要借助于各方面的社会关系。仅靠个人的聪明才智和勤勉努力，很难得到社会的

第八章 克服人际交往中的性格弱点
—— 良好的人际交往为你加分

承认或实现个人的愿望。

战国时，中山国的君王有一次设宴款待都邑的士大夫，司马子期也在被邀之列。席上，中山君把羊肉羹分给各位士大夫，却没有分给司马子期。

司马子期心里很不高兴。于是，跑到楚国，怂恿楚王攻打中山国。楚王受其蛊惑，带兵向中山国猛击。

不久，中山国就被打败了。中山君仓皇逃命，后面只有两个人拿着长矛紧紧护卫他。他有点儿奇怪，就回头问那两个人："别人都逃跑了，为什么你们还乐意跟着我？"

两个人回答："大王，以前在我们的父亲即将饿死的时候，你曾经赐给他食物。家父临终时就要求我们，如果中山君遇上灾难，我们必须以死报答大王的恩德。我们遵从家父的教导，誓死也要保护您。"

中山君听了，仰天叹息道："给予不在于多少，在于别人是否正处于困厄之境；施怨不在于深浅，在于是否曾经伤了别人的心。"对中山君来说，此时此地，这两个朋友比多少钱都重要。

从这个故事里，我们可以受到三点启发：第一，朋友多了路好走，冤家多了路难行，人在世上要少结冤仇多交友；第二，与别人交亲还是结怨有时并非因为某些大事，而是小节方面的问题；第三，处理人际关系时，待人接物必须因人而异，并把握好最恰当的时机。

一只鹦鹉与一只乌鸦被关在一个鸟笼里。鹦鹉觉得自己很委屈，竟和这么一个又黑又丑、表情呆板的怪物待在一起。假如谁在早晨看它一眼，这一天都会倒霉的，再没有比和它在一起更令人讨厌的了。

同样奇怪的是，乌鸦也在抱怨自己时运不济，竟和这么一只令人难受的花毛家伙待在一起，乌鸦感到伤心和压抑。"我的运气为什么如此糟糕？要能和其他乌鸦一起坐在花园的墙头上，享受我们已有的一切，该有多快活啊！"

像乌鸦和鹦鹉这样的生灵可以说都是悲剧性的人物，本应同甘共苦、同舟共济，但它们却偏偏做不到这一点，却总是看着对方的丑陋而生气。

"举世皆浊我独清"，那是一个人看待事物的观点。一个人可以"独清"，但是人类作为群居动物，却不可没有朋友。

历史上的"管鲍之交"是家喻户晓的故事，他们成为后世交友的典范。

对于和鲍叔牙的情谊，管仲曾经说过一段由衷的话："我原先经济困难，曾与鲍叔牙合伙经商，分财时我多要多占，但鲍叔牙并不认为我贪得无厌，而是认为我贫穷才会这么做；我曾为鲍叔牙谋事，多次失算，但鲍叔牙不认为我愚蠢，而认为我是时势不利；我曾三仕三见逐于君，鲍叔牙不认为我不行，而认为我是生不逢时；我曾三战三逃，鲍叔牙不认为我是胆怯，知道我是思念家中的老母亲；公子纠失败，我囚禁受辱，鲍叔牙不以我为耻，知道我不羞小节而耻功名不显于天下。真是生我者父母，知我者鲍子也。"

由此可见，这种深厚情谊的产生，是鲍叔牙屡屡对管仲宽宏大度、不计小过、理解同情、容忍、帮助的结果。

管仲对此也投桃报李，与鲍叔牙成为莫逆之交。否则的话，如果鲍叔牙对管仲斤斤计较，不欣赏他的才能，或"以血还血，以牙还牙"，那么他们早就绝交了。

"水至清则无鱼，人至察则无徒"，你能做到包容那些有缺点的人，你的心态就会更加开放，心胸会变得更广更大，也会交到更多的朋友，从而给自己营造一个更加有利的社会环境。

95 分享是一件快乐的事情

人活在世上要学会分享与给予，养成互爱互助的行为。正像俄国伟大的作家托尔斯泰所说："神奇的爱，使数学法则失去平衡，两个人分

第八章　克服人际交往中的性格弱点
——良好的人际交往为你加分

担一个痛苦，只有一个痛苦；而两个人共享一个幸福，却有两个幸福。"

很多时候，善待别人其实就是善待自己。严于律己，善待他人，可以减少许多麻烦。善于为别人着想，就要理解他人，以宽大的胸怀经受来自于各方大大小小的压力，把自己和别人的利益冲突看得淡一些。心存高远目标，才不会为小事动摇，更不会花太多的精力去和别人计较。要明白在漫长的人生历程中，要具有忍耐和宽容精神，善于用自身的高贵品行去感化对方。宽容的基础是对人的信任和爱，相信别人有求善的愿望，要有团结和和谐为重的博大胸怀，要能以德报怨，不念旧恶。昨天的敌人在明天就有可能成为朋友。

生活就像山谷回声，你付出什么，就得到什么；如同种地，耕种什么，就收获什么。帮助别人就是强大自己，帮助别人也就是帮助自己，为自己铺开后路。其实，在很多情况下，帮人并不是和自己吃亏划等号的。

世界著名的精神病治疗专家亚弗烈德·阿德勒常对那些孤独者和忧郁病患者说："只要你按照我这个处方去做，14天内你的孤独忧郁症一定可以痊愈。这个处方是——每天都想一想，怎样才能使别人幸福？"

手心向下是助人，手心向上是求人。助人快乐，求人痛苦。何不在解决别人的痛苦中，体会助人的快乐呢？

一个大雨滂沱的夜晚，社会学者埃维拉不小心陷进了沼泽地。野地里四处无人，埃维拉焦急万分，泥浆已经没到了脖子。如果不能离开这里，就必然会被沼泽吞噬。这时，一个骑马的中年男子路过此地，二话没说就用绳子将埃维拉拽了出来，把他带到了一个小镇上。当埃维拉拿出钱对这个陌生人表示感谢时，中年男人说："我不要求回报，只要你给我一个承诺：当别人有困难的时候，你也尽力去帮助他。"在后来的日子里，埃维拉帮助了许许多多的人，并且将那位中年男子对他的要求告诉了他所帮助的每一个人。数年后，埃维拉被一次骤发的洪水围困在一个小岛上，一位少年帮助了他。当他要感谢少年时，少年竟说出了那句埃维拉永远也不会忘记的话:"我不要求回报,但你要给我一个承诺……"埃维拉的心里顿时涌上了一股暖流。

正所谓"送人玫瑰,手有余香"。生活中,我们不仅要感激别人给予我们的快乐和关爱,我们也要给人以快乐和关爱,让他人在你我的些许关爱中不再孤独落泪,让生活因你我多一点关爱而少一点不和谐,让社会在你我的爱心传递中多一些温情,让我们也享受着我们的给予。

寻求个人利益和他人利益的契合点,这样可以有效地避免个人利益与公众利益的冲突,可以使自己与多数人站在一个立场上。杜甫虽然自家茅屋为秋风所破,但他念念不忘的却是"安得广厦千万间,大庇天下寒士俱欢颜"。这是何等的胸怀、何等的气魄!心中有他人,他人也就接纳了你。给别人一些关爱,纵使是一些微不足道的话,对那些忧郁、无助的心灵都会是一缕明媚的阳光,或许其荒芜的心田从此就衍生出一片勃勃绿意。我为人人,其实是一种风骨和一种品位。

有位医生赶着去给一位儿童进行抢救,行至半路,竟发现路前方有一条深沟,他无法过去,于是他求助于路旁的推土机司机。司机答应了,他为医生填好了深沟。医生一路飞奔,孩子终于得救了。在回去的路上,他感激地向那位司机道谢:"谢谢你,是你救了孩子一命。"不料,司机却说道:"我根本不知道那是我的孩子。"

故事的结局出人意料,但却告诉我们,付出也是一种美,帮助他人也等于帮助自己。

由此可见,宽厚待人,树立我为人人、人人为我的观念,在人际交往时往往能化干戈为玉帛,使原本激化的矛盾平息,乃至朝着好的方向发展。美好的事物都是由美好的德行引发的。

在漫漫的人生路上,你如果觉得自己孤寂,或者觉得道路艰险,那你就照阿德勒的话去做,每天都想一想,怎样才能使别人幸福?这样你定会逢凶化吉,因祸得福,幸福就会飞到你的身边,使你远离痛苦与烦恼。

第八章 克服人际交往中的性格弱点
——良好的人际交往为你加分

96 学会关爱他人

友爱，不仅仅是对朋友。把友爱善意撒向他人，付出一份友谊的情缘，同样也会收获一片明媚春光，人间因此会更美好，生活也因此会更美丽。

我们每个人都需要关爱，生活上也少不了关爱。父母给我们关爱，朋友给我们关爱，社会给我们关爱，我们不能只收获不付出。我们应该去关心、爱护别人，这样世界才会充满爱！

老杨生病住院了，高烧不退，医生经检查发现胸部有一个拳头大小的阴影，医生怀疑是恶性肿瘤。

同事们纷纷前去医院探视。回来的人说："有一个女的，叫冯雪，特地从外地赶来看老杨，不知是老杨的什么人。"又有人说："那个叫冯雪的可真够意思，一天到晚守在老杨的病床前，喂水喂药端便盆，看样子跟老杨可不是一般关系呀。"

就这样，去医院看望的人几乎每天都能带来一些关于冯雪的花絮，不是说她头碰头给老杨试体温，就是说她偷偷流泪。还有人讲了一件令人不可思议的事，说老杨和冯雪一人拿着一根筷子敲饭盒玩儿，冯雪敲几下，老杨就敲几下，敲着敲着，两个人就神经兮兮地又哭又笑。心细的人还发现，对于冯雪和老杨之间所发生的一切，老杨爱人居然没有表现出一丝一毫的醋意。于是，就有人毫不掩饰地艳羡起老杨的"齐人之福"来。

十几天后，老杨的病得到了确诊，肿瘤的说法被排除。不久，老杨就乐呵呵地回来上班了。于是有人问起了冯雪的事。

老杨对同事们讲了一个故事："我们以前在唐山是邻居。大地震的时候，冯雪被埋在了废墟下面，大块的楼板在上面层层地压着，冯雪在下面哭。邻居们想尽办法想把楼板撬开，可怎么也撬不动，就说等着用吊车吊吧。她父母的尸体就在她的身边。冯雪在下面由于害怕，哭得嗓子都哑了。天黑了，人们纷纷谣传大地要塌陷，于是就都抢着去占铁轨，只有我没动。我家就活着出来了我一个人，我把冯雪看成了可依靠的人，就像冯雪依靠我一样，我对着楼板的空隙冲下面喊：'冯雪，天黑了，我在上面跟你做伴，你不要怕呀……现在，咱俩一人找一块砖头，你在下面敲，我在上面敲，你敲几下，我就敲几下——好，开始吧。'她敲当当，我便也敲当当，她敲当当当，我便也敲当当当……渐渐地，下面的声音弱了、断了，我也迷迷糊糊地睡着了。不知过了多长时间，下面的敲击声又突然响起，我慌忙捡起一块砖头，回应着那求救般的声音，冯雪颤颤地喊着我的名字，激动得哭起来。第二天，吊车来了，冯雪终于得救了——那一年，冯雪11岁，我9岁。"

女同事们流下了眼泪，男同事们一声不吭地抽烟。在这一份纯洁无瑕的生死情谊面前，人们为自己的庸俗而汗颜。

真挚的友爱会给予挣扎在死亡边缘的人强大的精神力量，陪伴友爱同行，心理有了寄托，以此对抗死神绰绰有余，危难中的友爱更见真情。

97 真诚付出才能获得友谊

获得朋友的唯一方法是先学会做对方的朋友。要知道，友谊不是凭空掉下来的，它需要培养浇灌才会不断成长。朋友靠友情浇灌，当他静默时，你的心仍要倾听他的心。友谊无需过多言语，所有的思想、愿望、希冀皆在无声的喜悦中发生，并在朋友间共享友爱、忠诚、信义……

把纯洁的友情看成是金钱附庸的人，生活中可以说是比比皆是。他

第八章　克服人际交往中的性格弱点
——良好的人际交往为你加分

们对权势钱财看得特别重,谁有权有势就巴结逢迎,以求利用;谁有钱有势,便趋之若鹜。这种人不问是非曲直,吃吃喝喝就能混在一起,打着"朋友"的旗号,追求实利,这种"合作"带有明显的铜臭味。

这种势利的朋友比较容易得到合作者,但也容易失去合作者,容易结交也容易散伙。因为这种友谊是建立在权势钱财和杯盘烟酒之上的,非常的自私和虚伪,带有极大的欺骗性和危害性,这种"友谊"是长久不了的。

生活中,我们会遇到这样的情况,当自己取得了一定的成绩、有了荣誉之后,就会有人殷勤地表示友好;而当我们遇到挫折和困难时,打电话都找不到人。这种人都是讲求实用主义的,有用就是朋友,这种态度是可鄙的。有的人对那些于自己有用的"朋友",就千方百计地加以笼络,对暂时用不上而将来有所求的"朋友",则滑头滑脑,若即若离地维持;对曾经有用、今后不再有用的"朋友",则置之脑后似乎不曾相识;对那些过去有恩于自己,后来陷于困境需要他帮助的,则忘恩负义,有的甚至趁火打劫、落井下石。

这些人缺乏做人最基本的道德。做朋友的道德标准用古希腊政治家伯利克里的话说应该是:"给他人以好处,而不是从别人那里得到好处。"

势利之人之所以热情地与一个人交往,看重的是这个人手中的权力、财富、美色,而一旦你失势、破财、人老珠黄,他就会消失得无影无踪。与这种人实无友情可谈。居里夫人说过这样一句名言:"一个人不应该与被财富毁了的人来往。"这是提醒我们不要交酒肉朋友、势利朋友,不要与势利之徒搞在一起,结成所谓的合作者。因为与这样的人交往你是无法获得真正的友谊的。

酒肉之交不是朋友,患难才见真情。交友要有分寸,择友要讲究缘分。交友重在相互帮助、相互提高,共同面对人生的磨难。交友不慎会留下终生遗憾。

在这个世界上，人人都承认在人生中最为珍贵的就是友情。人们需要友谊，赞扬友谊。友谊是在不知不觉中走进生活里来的，生活中是不能没有友谊的。人性惧怕孤独，每个人都需要扶助，而亲爱的朋友便是能给你最好扶助的人。珍惜你所拥有的真挚的友谊与真正的爱情，它能使你变得高尚，使生命变得更加充实。一切身外之物都不难得，难得的是一颗相通的心。

要使友谊之树深深扎根、根深叶茂，要得到朋友，需要付出真诚。用真诚相待，才能换来真诚朋友。如果把友谊仅仅局限于两三个人的小圈子里，而不愿与更多的人交往，不仅可能使自己失去与更多的人互相学习、互相交流的机会，而且使自己的视野狭窄，生活内容单调。因此，应该与更多的人交往。

98 感情也需要"投资"

如果我们想交到朋友，那就要先学会付出，先为别人做一些事情——那些需要花时间、精力、体贴、爱心才能做到的事，不要等到需要帮忙时才想到朋友，这就是"感情投资"。

现代人生活由于忙忙碌碌，没有很多时间去应酬，天长地久，许多原本牢靠的关系，就会变得松懈，朋友之间逐渐互相淡漠。这是很可惜的。

"敢问情为何物，直叫人生死相许"，作为一个普通人都难逃脱一个"情"字。尽管当今社会流行一句话："认钱不认人。"但是"人情生意"从未间断过。人既然能够为情而死，那么为情而做生意，又有什么不可？想想也是人之常情。

所以，营造关系网，也需"感情投资"。

让我们以做生意为例，所谓"感情投资"，说简单点儿，就是在生

第八章 克服人际交往中的性格弱点
—— 良好的人际交往为你加分

意之外多一层相知和沟通，能够在人情世故上多一分关心，多一分相助。即使遇到不顺当的情况，也能够相互体谅，"买卖不成仁义在"。

很多人都有忽视"感情投资"的毛病，一旦关系好了，就不再觉得自己有责任去保护它了，特别是在一些细节问题上，例如该通报的信息不通报，该解释的情况不解释，总认为"反正我们关系好，解释不解释无所谓"，结果日积月累，形成难以化解的问题。

更糟糕的是，人际关系亲密之后，一方总是对另一方要求越来越高，总以为别人对自己好是应该的，对方稍有不周或照顾不到，就有怨言。长此以往，很容易形成恶性循环，最后损害双方的关系。

可见，"感情投资"应该是经常性的，不可似有似无。从生意场到日常交往，都应该处处留心，善待每一位关系伙伴，从小处、细处着想，时时落在实处。

99 用自重赢得尊重

人是值得敬重的，但人又是应该自重的。有自卑感的人大多看低自己，缺乏自我尊重。尊重是一种修养，也是一种心态。一个人如果不懂得尊重自己，他是不可能尊重别人的，更不可能获得别人的尊重。我们要从小就树立一种尊重的心态，在实际生活中尊重自己，并进而去尊重别人，这样就会收获美好的未来。

（1）不自尊焉有人尊

哲学家、罗马皇帝马库斯奥勒留斯有这样一句训诫，他说："被你毁了的约定，或丧失自尊心的事，不能期望为你带来利益。"

我们要学会自尊，尤其要懂得自尊心的价值。

一只骨瘦如柴的狼，因为狗总是跟它过不去，好久没有找到一口吃的了。

这天遇到了一只高大威猛但正巧迷了路的狗，狼真恨不得扑上去把它撕成碎片，但又寻思自己不是对手。于是狼满脸堆笑，向狗讨教生活之道，话中充满了恭维，诸如仁兄保养得好显得年轻，真令人羡慕云云。

狗神气地说："师傅领进门，修行靠个人，你要想过我这样的生活，就必须离开森林。你瞧瞧你那些同伴，都像你一样脏兮兮、饿死鬼一样，生活没有一点儿保障，为了一口吃的都要与别人拼命。学我吧，包你不愁吃喝。"

"那我可以做些什么呢？"狼疑惑地眨巴着眼问。

"你什么都不用做，只要摇尾乞怜，讨好主人，把讨吃要饭的人追咬得远远的，你就可以享用美味的残羹剩饭，还能够得到主人的许多额外奖赏。"

狼沉浸在这种幸福的体会中，不觉眼圈都有些湿润了，于是它跟着狗兴冲冲地上了路。

路上，它发现狗脖子上有一圈皮上没有毛，就纳闷地问：

"这是怎么弄的？"

"没有什么！"

"真的没有什么？"

狗搪塞地说："小事一桩。"

狼停下脚步："到底是怎么回事？你给我说说。"

"很可能是拴我的皮圈把脖子上的毛磨掉了。"

"怎么？难道你是被主人拴着生活的，没有一点儿自由了吗？"狼惊讶地问。

"只要生活好，拴不拴又有什么关系呢？"

"这还没有关系？不自由，不如死。吃你这种饭，给我开一座金矿我也不干。"

说罢这话，饿狼扭头便跑了。

第八章　克服人际交往中的性格弱点
——良好的人际交往为你加分

人如果柔弱得连自尊都失去了，那么他就失去了做人的资格，自己瞧不起自己，别人怎会瞧得起你，灵魂是不能屈服的。

几年前，杰克在香港出席一次教育会议，要做主题报告，并且开办改进学生感情健康的培训班。其中有一个班令人难忘：教育者在亚洲和太平洋地区的国际学校工作，学生来自世界各地。杰克发现有几位受聘于美国学校的教师，一年不到就先后离去。杰克既感到惊讶，又觉得好奇：是什么事情使得美国学校产生这么大的负面效应，致使这些教师改变初衷，早早知趣而退，另谋高就。

杰克设法找到几位教师，和他们分别谈话，探索究竟发生了什么事情。一位刚从加利福尼亚州回来的澳大利亚教师悄悄地告诉他，原因并非是学校，并非是家长，也并非是其他的教师，原因是孩子们自己。

"孩子们？"到这时候，杰克真的关心起来了。"我们的孩子怎么啦？"

"我没有办法教他们，他们缺乏自我尊重！"

自我尊重！这就是这位教师早早回家的原因吗？杰克到处打听。于是，他拦住一位来自新加坡的年轻女士，她也缩短了在美国的教学。

"你们的学生不尊重自己，也不尊重权威；并非所有的学生，但是已经多得令人在教室里难以应付了，"她解释道，"如果他们不看重我的意见——别说听这些意见了——那我们怎么教他们呢？所以我离开了。"

一位台湾教师听见他们的谈话后，补充说："而且他们对同伴同样的不尊重：因为学生们相互之间非常粗鲁，我不得不终止课堂讨论。他们就是不知道应该有礼貌地仔细听同学发言。"

"我还看见他们这样对待自己的父母，"另一位教师说道，"而且那要比他们对我们还要糟糕得多。他们非常无礼，甚至蛮横。"

"但是所有这些又与缺乏自我尊重有什么关系呢？"杰克问道。

一位澳大利亚教育者对杰克解释说："你们许多学生好像很伤心，

甚至生气。哦，听起来他们似乎很自信，但是在内心深处，我认为，他们许多人是绣花枕头一包草。他们只不过是以对自己的感觉来对待别人罢了。"

这群教师一致认为遭遇到同样的问题：美国学生缺乏自我尊重，而且表现在他们对待别人的态度中。正如一位教师所指出的："如果不尊重自己，怎么能尊重别人呢？"

对一个人来说，尊重别人和自我尊重是不矛盾的。故事中，因美国孩子缺少自尊让老师们纷纷辞职。同样，现实中因为缺少自尊会让我们在未来的社会中丧失掉交往和立足的重心。

(2) 人自重，别人才会尊重

人际交往中，最忌生气发火、动怒泄愤，有理、有利、有节才能赢得他人的尊重。

在上个世纪60年代，因父亲遗产问题，曾宪梓在远在泰国的哥哥曾宪概的多次催促下，动身来到泰国。曾宪梓的叔父曾桃发闻之以为曾宪梓定是与其哥哥联手来对付他，于是便有了这么一个场面：

一天早上，三个笑容可掬的客家长辈来到了曾宪梓的小店铺里，执意要请曾宪梓去"喝喝茶、吃吃饭"。曾宪梓客气了一番后随他们来到了曾桃发的公司里。待所有人严肃就位以后，长辈们便一改初始亲切温和之相，对曾宪梓纷纷大加指责："你看你，像什么话，一点道理也不懂。来了泰国这么久，也不来拜见叔父、叔母。你这算什么？真没规矩！"

其实，曾宪梓来泰国的当天便执晚辈之礼拜见了叔父叔母。因此，叔公们的劈面训斥令曾宪梓一头雾水。叔公们见曾宪梓无言以对，认为其真的是那么大逆不道，便毫不留情地把曾宪梓骂了个"狗血淋头"。原本极富自尊心且血气方刚的曾宪梓终于忍耐不住，做了黑脸的莽汉，大发雷霆："你们简直是太不像话了！我本来应该尊重你们，因为你们是叔公，但是从你们这番血口喷人的话里，从你们玩弄的这些骗人的把

第八章　克服人际交往中的性格弱点
——良好的人际交往为你加分

戏里，你们就再也不配得到我的尊重。"曾宪梓指着刚好从他们面前走过的一个小孩说道，"我这个人，对于讲道理的人从来都是尊重的。就是这样的小孩子，知道做人应该讲道理，应该明白事理，我也会很尊重他。但对于像你们这样的老前辈，一点儿道理都不懂，只会嫌贫爱富，昧着良心拍有钱人的马屁，你们这样做，令我更加瞧不起你们，我也有理由不尊重你们！"

曾宪梓一番理正词严的话，令原本气势汹汹的叔公们顿时气萎势缩。但是，倘任怒火信马由缰，刚言怒语如决堤洪水一泻不收，便有可能使原本已有的胜势转瞬即逝。于是，曾宪梓又有一番有理有据的摆事实、讲道理，扮起了红脸好人，不失时机地给叔公找台阶，进入了收场的好戏。"叔父凭着自己的劳动，凭着自己的智慧，一点一滴地建立起像今天这样庞大的事业。现在叔父有钱有势，那不过是叔父的能耐、叔父的本事，我只会从心里感到佩服。叔父现在大可不必为了这些财产的事情绞尽脑汁，你是我叔父，你有话跟我说，喊一个小孩把我叫来就可以了。"

在人际交往中，对他人的适度赞美，可使对方产生亲和心理，为交往沟通提供前提。曾宪梓的叔父只身一人于异国他乡艰辛奋斗而拥有今天的财富和名望，足以证明其不凡之处。曾宪梓这番赞美，既充分肯定了叔父于商场中的本事，又由衷地表明了自己对叔父的佩服之意，言不巧语不媚，不坏刚直不阿之节，不涉阿谀奉承之嫌，却拉近了两代人之间的心理距离，令叔父叔母激动得喃喃而语："好侄子，好侄子！"原本剑拔弩张的气氛已化为乌有。

曾宪梓在人际交往、家庭纠纷中所表现的人情操纵自如，礼、节相间恰当的深厚功夫，表明了他在商场中的出色作为绝非等闲得来，而是名副其实。他用自重赢得了别人的尊重。

100 理智对待非议

有一句名言：走自己的路，让别人说去吧。这句话常用在不被人理解时的自我心态调节。的确是这样，一味地关注别人的态度，会使自己失去原有的工作和生活准则，让自己陷入不必要的痛苦和烦恼之中。

小许出身于一个典型的高干家庭。从小到大，赞扬与微笑一直包围着他。上学时，班干部选举他总是"要职"，老师也特别喜欢他，常常有个别老师热情地邀请他去自己家中，给他"开小灶"，因此，他的学习成绩总是名列前茅。就这样他顺利地完成了中小学的学校生活，跨入了大学的门槛。千万别以为是他的父母为他铺平了学习之路，其实小许不是那种倚仗家势的"纨绔子弟"。他学习勤奋努力，乐于助人，生活朴素大方，在校期间是学生会干部，工作确实较为出色，同学们也十分佩服他，认为他是凭着自己的实力取得这样的成绩。可是，仍免不了有些素质差、心眼小的学生说出些风言风语，说他之所以一切顺利，是因为他有个好家境。

带着荣誉和少许的议论，小许的大学生活就这样结束了。他顺利地进入了一家全国知名的企业，并进入了最有潜力的部门。小许并未因此而得意忘形，在工作上，他兢兢业业，一丝不苟，与同事的关系处得很好。而且在工作之余他没有放弃学习，不断吸收新知识。于是两年内小许连升两级，担任了项目副主管，他是公司成立至今提升最快的项目负责人。明眼人都明白这是小许平时的勤奋得到的回报，所有的成绩都是他努力的结果。但还是有的人在对他的赞扬声中掺杂了些许其他的声音。

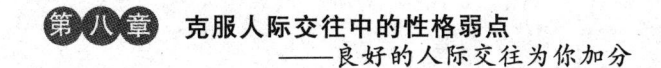

第八章 克服人际交往中的性格弱点
——良好的人际交往为你加分

"谁不知道他爸爸是干部呀，没有老子撑腰这么年轻能爬升得这么快吗？"

"啊，难怪……"

小许可以不去理会人们的私下议论，但有些话传到小许耳朵里时，他还是感到不舒服。他不像从前那样有说有笑了，甚至变得沉默寡言。他自认为只要不开口，时间一长大家会理解的。哪知，他的少言并没有减少议论的话语，大家反而说他官大就不认识人了，他觉得工作的环境越来越压抑。他每天工作都小心翼翼，很少出办公室面对同事们，怕自己哪句话说不好大家又议论他。对于上级交代的工作任务，总是前思后想，难以决定，怕伤害到哪一个同事的利益，遭到背后的指点。他的工作积极性不再那么高了，业务质量也下降了，信心一落千丈，做事畏首畏尾。他整天思考的问题就是："他们是不是又在背后议论我了？"这个问题令他苦不堪言，他整日惶惶不安，使原本和谐的生活不再充满情趣。

"人在风中走，难免身着沙"，一个人处在一个群体中，不可能不被议论，我们既是别人的谈论话题，也是谈论他人的一员，因为你的生活范围决定了你行为和结果的内容。嘴长在别人身上，想要别人不谈论你，除非你不是这个集体中的一分子，和众人没有利害关系。做个隐形人最合适，但这根本不可能实现。那么知道有人在背后偷偷地说你时，只要你没当场听见，说明他的话根本见不得大众，你又何必去理会这些见不得光的"酸风醋雨"呢？如果让它们渗入你的身体，折磨你的神经，腐蚀你的信心，那你真是太傻了！

如果没有做错事情，你就不必担心别人怎么想。挺起胸膛，让众人的挑剔成为激励你的力量。

"时间能证明一切。"让你日后的行为为你证明吧，行动胜于一切语言的表白，时间会让你的形象比以前更加高大，更加坚实。任何人的成功都会伴随着一些坎坷，凡是有所成就的人，定在某些方面有所失，其行为也常常不被众人理解。行走在通往成功的道路上，你会发现，当你取得成绩时，不了解你的人，会忽视你的努力，而在你成功的过程上添加他们认为合理的因素。这是你总要面对的，想要人人都理解你，根本不可能。你要做的是，别去理会，用实力改变他们的想法。

一个人既然不能脱离群体而独立存在，那么就想办法融入其中。与同事融洽相处是一门学问，最重要的是真诚。当他们工作中有困难时，你应该在你能力范围内及时予以帮助；置之不理，冷眼旁观，甚至落井下石，那样的同事关系永远是冷漠的。当他们遇到问题需要询问你的意见时，用你的所知所懂告诉他们，即使说的不好或并不适用，他们也会感动于你的"听"，一个肯"听"别人的人还会招人讨厌吗？如果他因心情不悦说话办事时冒犯了你，但并没有跟你说"对不起"，你要保持冷静，以宽容的态度，真心真意的原谅他；如果今后他有求于你时，你应该不计前嫌并毫不犹豫地帮助他。

在竞争日益严重的今天，不相识的人之间都存在激烈的竞争，何况同事呢？同事之间存在竞争是很正常的现象，在一个没有竞争的公司只会使人的斗志渐失。有竞争才有激情。但是，一味地强调竞争，也会使人压力重重，使竞争的意义不再单纯，出现不可避免的摩擦。因此要懂得如何把因竞争带来的摩擦降到最低程度，学会把竞争导向对自己有利的方向。

小许的情况在现在的企业里并不少见，年纪轻轻，职位高就，当然会受到一些资深职员对他能力与成就的怀疑猜测，在背后议论他的家世，在工作上与他较劲，在其他事情上故意为难。从心理学上讲，这是一种发泄，是为求得心理平衡采取的不理智方式。社会的大环境是这样，如果无力改变，就去适应，协调与同事的关系，因为与同事很好地合作有着不可轻视的作用。

所以，当有人在背后议论你时，你最应该做的就是调整自己的心

第八章　克服人际交往中的性格弱点
——良好的人际交往为你加分

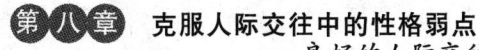

态，静下心来想一想，是否自己也有做得不妥的地方，发现后迅速改正，让所有的议论声随着时间而消失。客观理智地对待他人的背后议论有助于树立自己的好形象，有助于事业的成功。

推荐要点：

自卑感和本人的智力、受教育程度、所处的社会地位等因素无关，而仅仅是对"自己不如他人"的确信。

一个人要有随时能改变自己错误判断的勇气，这样才能使自己少犯错误。

不要说太过自信的话，这是一条很好的交际原则。

你所表达的意思或信仰，毕竟还只是你个人的意见和信仰，而他人也还保留着他自己的意见与信仰，并且拥有取舍的权利。

害羞的先天因素的影响是有限的，更重要的是受早期父母教育模式、学校教育及周围环境等后天因素的影响。

诚实地招认自己的过错，会使你得到他人的信赖和尊重；否认或掩饰自己犯下的过错，会妨碍自己人格的成长。

交往，就是交而往之，既包括朋友之间的交际，也包括世俗层面的礼尚往来。

朋友之间的交际，其基础是真诚守信，而礼尚往来的规则则是富于人情味和世俗性。

社交需要投入，必须投入的时候，千万不能小气；没必要"埋单"时，也不能大大咧咧，那样反被他人瞧不起。

礼貌是人际交往中相互之间表示尊重和友好的一种言行方式和规范，是人类文明的一个标志。

真挚的友爱会给予挣扎在死亡边缘的人注入强大的精神力量，陪伴友爱同行，心理有了寄托，以此对抗死神绰绰有余，危难中的友爱更见真情。

　　如果我们想交到朋友，那就要先学会付出，先为别人做一些事情——那些需要花时间、精力、体贴、爱心才能做到的事，不要等到需要帮忙时才想到朋友，这就是"感情投资"。

　　当你取得成绩时，不了解你的人，会忽视你的努力，而在你成功的过程上添加他们认为合理的因素。这是你总要面对的，想要人人都理解你，根本不可能。你要做的是，别去理会，用实力改变他们的想法。

第九章 别让性格毁了你的爱情与婚姻

——和谐的婚姻为你加分

一个幸福的家庭需要靠两个人共同维护,两个性格迥异的人携手走到一起,就应该为营造一个美满的家庭而努力。不要总想改变对方,也不要一味地迁就对方,相互接受比相互忍让更令人舒服,自然的相处比刻意的维系更会让婚姻家庭持久!

101 大胆说出你的爱

人们常常慨叹：爱情，就是一种缘分，可遇不可求。其实，有时候并不是缺少缘分，而是缺乏勇气和胆量开口说出爱，才错失了缘分。

在现实生活中，有很多人羞于开口向自己的心上人表达爱情，尤其是女性，那份矜持，往往使她们错过了一生中最美丽的缘分，只给自己留下满心的不舍和永远的遗憾……

向心上人表达爱情，这是一种最甜蜜、最伤神、最微妙的情感活动，时机成熟时，要勇敢、果断地道出你的爱意，让你爱的人知道你的爱，这样，你才能叩开美丽而甜蜜的爱情之门。

1945 年，第二次世界大战的战火停息了，在英国伦敦的一个港口，有无数的人拥在那里等待着返回欧洲大陆。突然一个女人在人群中狂呼："我要和那个戴黑帽子的男人说话！"她和那个男人之间隔着层层的人流。于是她的话就像石子在水面上跳跃着被传了过去。那个男人翘首问："她要说什么？"水面就跳过一排："她要说什么？"女人高叫："不要走，我爱你！"传话的人兴奋极了，发自肺腑地把这句话传给下一个人……最后这句话被传给了那个男人，他露出惊喜之色，而后不顾一切地朝那个女人的方向挤去……

如果你爱她，就应勇敢地正视这份爱，并抓住一切可能的机会把你的爱意传达给她。有时候，你需要做的只是站起来，勇敢地走上去，大胆地说出你的爱。

有一项测验表明，现代女性，对男性最欣赏的，不是英俊的外表，也不是潇洒的风度，竟然是胆量！

在一次舞会中，华峰认识了黄彦。舞会上，人头攒动，七彩斑斓，可华峰什么都没看到，就只看到了黄彦。她正漫不经心地站在窗子旁

第九章 别让性格毁了你的爱情与婚姻
——和谐的婚姻为你加分

边,素面朝天。华峰看了一会儿,开始了他的行动。他分开舞池中拥挤的舞者,斜对角向她走过去。他走得坚定、自信,一直没停,一直走到黄彦面前,二话没说拉起黄彦舞到池中。后来,黄彦成了华峰温柔的妻子。

黄彦告诉他,她并不像他看上去的那么漫不经心,她注意到了华峰。当华峰径直走来时,她的心跳得跟什么似的,在心中默默祈祷:"男孩,别停下!男孩,别停!"

不管你是如何出色的一个男子,都很少有女孩子会主动追求你,所以,大部分机会都必须由你自己去抓住才行。

俗话说,失恋总比没有恋爱的好。如果两个人都有太多的自卑心理,都有太多的顾虑,比如:他(她)是不是也喜欢我、他(她)是不是会当面拒绝我、别人知道了会不会笑话我,等等,这种心理常让两个相爱的人擦肩而过,那就太令人遗憾了。

所以如果遇上自己喜欢的人,一定要让他或她知道,即使受到冷遇也比错过更好,一个是短痛,一个则是长痛。

爱情要靠自己努力争取,不要用缘分来解释所有错过。缘分从来都把握在自己手里。给自己一点儿勇气,低下自己"高贵"的头,大胆、果断、坦率地向心中钟情的她(他)说出:"我爱你!"就能获得一份甜美的爱情。

102 爱情往左,婚姻向右

性格是个很奇异的东西,千变万化,让人难以捉摸。了解一个人的性格,就犹如扣住了他的穴脉。在寻找爱情的漫漫长路中,两个人的性格能否合得来是决定这份爱情能否有一个美满结果的关键。

一个幸福的家庭是靠两个人共同维护的。一个好男人应该能负得起家庭的担子，应该是一个真正的男子汉；而一个好女人应该有责任为家庭营造一个温馨和美的环境。两个人走到一起，就应该为营造一个美满的家庭而努力。所以，在婚姻中如果对方有哪些会影响夫妻感情或者影响家庭和睦的负面性格或坏脾气，要宽容地接纳，这样两个人才能同心同力，家庭才能幸福美满。

因此，想拥有一个美满的婚姻，了解你自己的性格与对方的性格十分重要。你想知道对方到底有多爱你，就一定要先了解他的性格，免得自作多情或错失良缘。

当人们谈到爱情时，总是向往着浪漫，可是一旦结了婚，就觉得一下子面对现实了，柴米油盐，生活琐事，远不如恋爱时那么罗曼蒂克，那么甜蜜惬意。于是，两个人开始争吵不休或者冷淡以对，再也没有了当初共筑爱巢时的理想了。

其实，不是婚姻变得现实了，而是人的需求变得现实了。恋爱时往往只关注于感情上，恨不能把自己的一切都投入进去。而迈入婚姻后，实际生活需求增多了：女人要求男人才貌双全，有车有房，还要温柔体贴；男人要求女人出得厅堂，入得厨房，还要小鸟依人。不仅如此，还要和别人比较：谁家的丈夫更能赚钱，谁家的妻子更贤惠……这样对对方的要求越来越多，而自己付出的越来越少，这样的婚姻自然没有幸福可言。

让自己的婚姻家庭和谐，就要让你的需求变得简单，好好回想当初为何选择对方作为人生伴侣。如果是看重他的人品，就不要再要求对方飞黄腾达；如果是因为感情深厚，就不要再要求对方付出一切。心灵的要求简单了，生活就简单了，婚姻家庭也会变得简单而幸福。

第九章 别让性格毁了你的爱情与婚姻
——和谐的婚姻为你加分

103 破译婚姻中的性格密码

在现实婚姻中你是一个什么样的人呢？假如你是以下的任何一种类型，希望你在选择对象时认真考虑怎么适应对方。要知道婚姻生活是一件实实在在的事情，它需要两个人在尊重现实的基础上去共同追求美好的东西。

大千世界，人们的爱情生活，有的持久平静，有的猛烈如火。平静的爱情和婚姻生活如同一弯清澈的小溪，甘甜而又沁人心脾；炽热的爱情与婚姻生活正像熊熊大火，让人神魂颠倒，欲罢不能。是什么因素决定这一切呢？不同的性格，对待爱情和婚姻自然有着不同的态度。

在恋爱期间，必须考虑心理方面的"门当户对"。而最重要的"门当户对"，就是双方性格的相同性、相容性、可磨合性及"长短互补"的问题。假如没有充分考虑这些因素，结婚后，才发现自己接受不了另一半的观念或行为，那就很有可能会发生婚姻危机。

浪漫型：该类型的人认为，爱情永远都应该像童话中一样浪漫多彩，要么轰轰烈烈，要么刻骨铭心，因此，他们期望婚后的生活也应该和恋爱期间一样充满激情。而现实与理想毕竟是有差别的，当他们发现平淡的日常生活和婚前的恋爱并不是一回事时，便怀疑对方变心了，因此，情感的摩擦就会导致言语和行为上的冲突。

不成熟型：这类男女，在心理与行为上尚未真正成熟，仅仅是过早涉入爱河，甚至偷食禁果，对爱情的理解也不是很深。当婚姻、家庭出现问题时，只会一味地向自己的家长寻求支援和指示，却不懂得应该和伴侣一起沟通解决。假如双方父母各不相让，互相指手画脚，在"外力干预"的作用下，两人的婚姻很快就会变得脆弱不堪。

完美主义者：这种类型的人对自己或者伴侣的期望值过高，一旦发现对方存在这样那样的缺点，就会抱怨不断，结果给对方的心理压力太大，长此以往必然导致对方的反抗情绪。

过度挑剔型：这种类型的人对伴侣的任何思想行为，哪怕仅是个笑话，都要不断地进行尖锐的批评，反复揭短，使对方感到无地自容。

过度宠溺型：在这种类型的人中，有些人对伴侣事无大小都为其代劳，平时照顾唯恐不周，渐渐地伴侣养成了被宠爱的习惯，一切事情都会成为理所当然。所以，偶尔的"侍奉不周"，便成为口舌冲突、行为摩擦的导火索。

过度"戏剧化"型：此类型的人对喜怒哀乐都会做出强烈的反应，喜怒无常，无端地生出许多的是非来，致使一些不愉快的问题常常发生，而且难以轻易解决或自圆其说，结果造成不可挽回的后果。

如果真的爱他/她就不要太苛刻，每一个人都是凡人，都有他/她不完美的地方。包容他的缺点，两人共同努力，相信你的婚姻生活一定会非常美满幸福。

104 性格与婚姻关系的13种组合

心理学上把人的性格分为黏液质、多血质、抑郁质和胆汁质四种类型。

黏液质：安静、漫不经心、散漫、邋遢、好饮食等。相对于胆汁质的人一受刺激就哇哇大叫，黏液质的人则反应非常迟钝或冷淡。不过，虽然反应及行动缓慢，这类人通常诚实且值得信任。由于个性平淡，工作缓慢，所以不太容易紧张。但反面，则有做事动作迟缓、不修边幅、喜好享乐等毛病。可以说，这类型的人多半有点儿利己主义倾向。

多血质：轻率、活泼、喜欢与人交往，不会记恨。很容易答应别人事情，也很容易忘了约定。有面对困难的勇气，但看事情不妙也会开

第九章　别让性格毁了你的爱情与婚姻
——和谐的婚姻为你加分

溜。能够调整自己的喜怒哀乐，随时保持心理平衡与往前冲刺的状态，一旦成功或受别人赞赏，就乐不可支。

抑郁质（黑胆质）：这类型的人比较趋向于稳重、沉郁，经常只看到人生的黑暗面。他们多半避免送往迎来的交际活动，也不喜欢和外向活泼的多血质人在一起。甚至看到别人欢天喜地乐不可支时，反而会不高兴。这类人一遇到困难常常心理就失去平衡，一旦心情不高兴，便久久无法恢复正常。

胆汁质（黄胆质）：对于情绪的刺激非常敏感，意志容易动摇，没有耐心，情绪忽冷忽热。这类人喜欢参加各种活动，但想法常常改变，只有三分钟的热度。这类型的人不喜欢被压抑，喜怒哀乐的表现非常明显。不过，他们不像抑郁质的人容易持续某种心情，不论悲伤或愤怒都来得快去得也快。一般而言，这种类型的人既热心也有爱心，做事情很有爆发力。

依上述的分法调查统计，生活中两个人的性格与婚姻的关系大致有如下13种组合。请对照以下组合，看看你和你的另一半属于哪种类型。

"黏液质"的丈夫与"黏液质"的妻子：在感情上他们少有纠纷，夫妻两人都十分保守谨慎，是一对很合适的夫妻搭配。

"黏液质"的丈夫与"多血质"的妻子：从外表看来是做太太这一方比较强势，但事实上是由做丈夫的紧握着操纵的缰绳。

"黏液质"的丈夫与"胆汁质"的妻子：老实又规矩的丈夫很容易被奔放的妻子牵着鼻子走，但是，假如妻子做出了破坏丈夫颜面的事，这些事就会永远成为他们之间的芥蒂。

"黏液质"的丈夫与"抑郁质"的妻子：妻子常向丈夫撒娇，丈夫是强者，因此，对于妻子那些出人意料的行动会有充裕的心情去欣赏。丈夫很容易自陷于现实环境，而妻子就是他生命的兴奋剂。

"多血质"的丈夫与"多血质"的妻子：这是一对具有如出一辙的顽固而又过于刚直的夫妻，这种夫妻结婚后不久，就会为了压抑对方而持续地战斗下去，不过不管如何，最后通常变成妻子为主导型的情况。

"多血质"的丈夫与"黏液质"的妻子：猛然一见，这是一对男人掌权的夫妻型，但是，事实上扶植丈夫站立起来的，正是这位黏液质的妻子。多血质的丈夫，在不知不觉中为妻子而努力奋斗。

"多血质"的丈夫与"胆汁质"的妻子：稳重的丈夫和急躁的妻子。总之，男人有男人的气概，女人有女人的样子，但是，假如做丈夫的对妻子压制得太过分，彼此之间的关系就会发生裂痕。

"多血质"的丈夫与"抑郁质"的妻子：这是一对迟钝丈夫和敏感妻子的组合，最要紧的是彼此要能相互容纳对方而不要相互挑剔。

"胆汁质"的丈夫与"胆汁质"的妻子：这是一对随心所欲、无所忧虑的快乐夫妻，有时候会因没有事先计划而出现失败，所以，做妻子的一方似乎必须要多费一点心思来制止某些行动才是。

"胆汁质"的丈夫与"黏液质"的妻子：做妻子的很容易被擅讲道理的丈夫耍得团团转，做丈夫的全然不去理会遵守世俗常规和稍有点儿虚荣心的妻子，因此，有事没事，两人之间都很容易发生争执。

"胆汁质"的丈夫与"多血质"的妻子：一般是妻子掌权的夫妻配对，很具有现实性的妻子并不喜欢耍嘴皮子的"胆汁质"丈夫的哄骗。妻子最好不要太欺压丈夫，免得让家里的男主人变得畏首畏尾。

"胆汁质"的丈夫与"抑郁质"的妻子：这是一对充满个性和创造性的夫妻，他们绝不会被世俗的那些常规和形式所限制，掌握主导权的是妻子，也有许多把兴趣用到工作上而获得成功的妻子。

"抑郁质"的丈夫与"抑郁质"的妻子：这是旁人很难理解的夫妻配对，他们总觉得彼此都是自己最合适的另一半。必须要特别注意的是，由于彼此太亲密，反而使二人之间的关系变得窒息难通。

第九章 别让性格毁了你的爱情与婚姻
——和谐的婚姻为你加分

105 不同性格情侣的和美相处之道

维持婚姻，并不表示需要相互改变，而是要接受对方的差异。互相挪出属于对方的时间与空间，希望借此找回最初那些吸引双方在一起的差异性格。

实际上，差异的性格是彼此吸引的因素，也是造成夫妇冲突的原因。若要婚姻长久维系，就要夫妇双方学会如何与自己的伴侣共同生活，进而发挥各自性格的潜能。

男性化的你和女性化的他，他是你人生的最佳导师。一开始两人就互相吸引，先从朋友做起，相处久了自然就会变成情侣。女性化的他喜欢收集各种简报，兴趣广泛，会带领你见识不同的世界，让你觉得很新鲜。刚开始交往时，你会觉得有这样的男朋友很好，他厨艺佳，又懂电脑，并且十分有耐心，什么事都教你，不过他做事很细心谨慎，会觉得你有点儿粗线条。

看到你的包乱七八糟，他会唠叨你："买个化妆包将东西都装进去就不会乱七八糟了嘛！"还会唠叨化妆的事，叫你不要画眼影，像大熊猫一样很难看。你可能会受不了一个大男人竟然如此唠唠叨叨。假如彼此无法包容对方的缺点，将走向分手的局面。男方比较细心，女方都会觉得自己很没用，不过你千万不能有这样的想法。他虽然擅长收集简报，但果决的你擅长下决定，最后他一定是听你的。

此外，他会对你唠唠叨叨，这也是一种爱与关心的表现。要感谢他的用心与细心，谢谢他的开导。你只要跟他说"谢谢你的教导"，他一定会很高兴，一定会更爱你。假如争执了，你千万不能得理不饶人，你们要好好沟通，听听他的意见，你千万不能太霸道。

男性化的你和男性化的他，你们彼此互相吸引，很快就陷入热恋。

你是男性化的，征服力很强，希望尽快有结果，或许由你主动追求。目的达到后，就会觉得安心。当你们的感情越来越好、越来越深后，反而不像是热恋的情侣，而像是携手走过人生路的伴侣。像情人节、纪念日之类的特殊的日子也忘了庆祝，彼此都忙，见面时间变少，周围人以为你们分手了。不过你们很喜欢这样的交往方式，虽不常见面，但心中都有对方，绝不会移情别恋。不过当他被女性化的女性诱惑，可能就是分手的时候了，他觉得你独立，没有他也没有关系。另一个女孩更需要他，因此会离开你。

假如想让这段感情走得长久，你的态度一定要很女性化才行。虽然你的个性很男性化，就算你已经心有结论，还是要找他商量，但一定要有女性的温柔与体贴。不要害羞，勇敢表现醋意，说完后别忘了加上一句"你能听我发牢骚，真好！"

有时，要对他吃醋发发小脾气，勇敢地向他撒娇，不要有事才找他，平常要多联络。不要光聊工作上的事，说些日常琐事更好。总之，一定要让他觉得你就是他的情人。

女性化的你和女性化的他，你们都是被动的人，即使对彼此都有好感，要迈出第一步实在很难，若太被动感情更会毫无进展。你在等他先开口，他也在等你先采取行动，真不知道要等到何时。因此，你要多多制造两人相处的机会，你们两人很合得来，多约会几次自然就能培养出感情，拉近两人的距离。平常问他一些表面的问题，他都会很热心地给你建议，但是假如问到比较深入的问题，他可能会故作冷漠，实际他是不好意思，怕表现得太热心，会让你看穿他的心思。实际他很想问你"我在你心目中是何种地位的人"，却不敢说。假如他真的问你，你千万不能故意耍酷地回说"不就是普通朋友吗"之类的话，一定要将诚意拿出来。

你们一定要有共同的兴趣，拥有相同的价值观，这样感情才能长久，才能产生亲密的感觉。还有，不能让他有被束缚的感觉，你要学习

第九章 别让性格毁了你的爱情与婚姻
——和谐的婚姻为你加分

欲擒故纵的技巧，才能将他自在地掌控在手中。不过也不能太冷漠，如果对他不管不顾，这段感情就会自然消减。你要主动保持联系，但是不能让他有烦的感觉，所以你要好好拿捏尺度。

女性化的你和男性化的他，你们对彼此都颇有好感，很快就坠入情网，彼此都有着深深吸引对方的特质，所以一开始就是在热恋，只要有一方展开追求攻势，马上就是情侣。他对喜欢的女生相当热情，也很会说些甜言蜜语，让你觉得开心。不过你们的占有欲和嫉妒心都很强，但也因为这样，才能随时都像在热恋中。不过交往久了，彼此更习惯、关系更亲密后，可能就会时常起争执。虽然你们是因为男性化和女性化的相异点而互相吸引，一旦争吵时就会觉得对方是不可理喻的人而互相指责。虽然经常吵架，也吵得很厉害，但就是不会分手。

你们的危机出现在热恋后，这时已很习惯彼此了，感情也渐趋稳定，你会觉得无聊，但他却觉得这样稳定发展很不错。不过他可能无法察觉你的想法，约会时也不太会询问你的意见，一切都由他做主，你会觉得他不够尊重你，因此，就起争执了。虽然谈恋爱了，还是要各自拥有彼此的朋友，多参加团体活动，才不会相看两相厌。不要总想要绑着他，偶尔放他单飞一下，他会更爱你，感情才能更长久。

只要知道对方的性格，跟同性友人也能和平相处。

一个完美主义者是不太容易委屈自己的，而一个并不完美但偏偏要求爱情完美的人是很痛苦的，因为这是错位的痛苦。一个能冷静客观看待自身与伴侣的完美主义者是更痛苦的，因为他们知道完美是虚无的，但是却如毒瘾一般不能自拔。好比一个人既是一个哲学家又是一个诗人一样，这样的人是最痛苦的。

假如一个没有自知之明的完美主义者，尽管会遇到许多的挫折，但是他陷入自己营造的自恋幻境里也许也是一种幸福，这种人便是生活中往往沾沾自喜的人。事实上只有两种人的婚姻是幸福的，一种是智商不太高的人，另一种是大智若愚的人。彻头彻尾的功利主义者或者爱情至上主义者的婚姻只有两个截然相反的结局：幸福或痛苦。

可是，事实上有许多人都是不上不下的世俗之人，因此，许多人的婚姻便有了七年之痒之说，一种不死不活的倦怠，一种鸡肋婚姻、鸡肋爱情，食之无味、弃之可惜的漠然。

婚姻是需要坚强的意志和慎独来摆脱漫长婚姻生活中的诱惑，这种本质注定了婚姻形式悖逆了动物本性的特质。它是最复杂的，几千年来，古今多少哲人智者浩瀚经卷，从刀耕火种发展到外太空文明，但是婚姻还是一个研究不透的谜，成为人们永不厌倦的话题。

幸福的家庭是相似的，不幸的家庭各有难言之隐。夫妻之间之所以会感情破裂，往往在于两人性格的不合。爱情最能改变一个人的性格，有的人会因为爱一个人而一改倔强的脾气，变得很温顺。如果真心相爱，就应该不断地调整各自的价值观，不断地磨合双方的性格，否则只能落个分道扬镳的结局。

有人认为，与性格相近、趣味相投的异性一起生活才能幸福。这没错，但久而久之，也会感到平淡和乏味。两人在一起，贵在性格的互补、磨合和相容。

106 永远不要由爱生恨

由爱生恨是在消磨爱情。爱情是件易碎品，一旦破碎将很难复原……

当雅琪深深爱着峰的时候，峰没有好好珍惜她，在事业的低谷，他用暴戾和冷漠伤害了爱人的心。当他失去事业，想回头好好对待雅琪的时候，她的爱情已经被消磨尽了……

下面是峰的自述：

四年前，当她跟着我的时候，还是个天真的小女孩，当她从乡下出

第九章 别让性格毁了你的爱情与婚姻
——和谐的婚姻为你加分

现在武汉时,让我吓了一跳,我们毕竟只是网友,可是她那么任性地离家出走投奔我来了!

很快,我和雅琪同居了。她很会持家,每天都把家收拾得干净整洁,而我无心顾及这些——我的生意每况愈下,我觉得上天真是对我不公!

我开始夜不归宿地买醉,去夜总会、去唱歌、去吃饭……雅琪委屈地说:你就不能在家陪陪我吗?我醉醺醺地冲她发脾气:"滚,别烦我!"雅琪哭了,她说:"峰,我对你有信心,我们会好的。"我不理她,用疲惫麻醉自己。

那段时间,我过得很消沉,雅琪看不下去了,她偷偷出去找了份服务员的工作,一个月几百元。

月末,她把钱递到我手上:"给,你抽烟的钱。"那一瞬间,我真被她感动了,可没几天,我又颓废下去。

雅琪的妈妈找上门来愤怒地骂道:"有这样过日子的吗?连自己都养不起,你还害我女儿?"我无法辩驳,雅琪跪在她妈妈面前:"妈,我爱峰,就算是要饭,我也跟定他了!"

后来,我彻底地失业了,而雅琪的工作越做越好。我赋闲在家,我被自卑折磨着,每天像幽魂一样在房间里转来转去,就只等雅琪回来。如果碰上加班,我就到她单位去等。她开始责备我:"你这样等我,让单位的人看了多不好。"我的脾气很暴:"你知道外面多复杂,外面的男人都是想玩玩你的,你回家晚了我不放心!"雅琪怒气冲冲地说:"你胡说八道什么!"

她回家了,很累,想多睡一会儿,我则缠着她问:"你爱我吗?你还对我有信心吗?"从前是她找我说话,现在是我找她,她不理我了。她有次陌生地望着我说:"峰,你好可怕。"

那个午夜,我乱发了一通脾气,摔烂了雅琪的手机,对她大吼大叫。她噙着泪水看着我。后来她告诉我,从那天起,她对我不再有爱,而是可怜。

知道我整日无所事事，亲戚介绍我去浙江打工，我哀求雅琪和我一起去，她的口气很坚决："不，这里有我的事业。"

我人在浙江，可是心在武汉。我没有一天能安心工作，经历了世态炎凉，我终于明白，拥有这样一个爱我的好女孩是多么幸运的事情。

然而，电话那头，再没有她热情熟悉的话语了。

班是上不下去了，我连夜赶到武汉。雅琪却躲避着我，那天，我等在雅琪单位门口，看见她有说有笑地和同事走出来，我拦住她，她的表情马上痛苦地扭曲了："峰，我求你，放过我好吗？我们为什么不能好聚好散？"我撕心裂肺地喊："不！不！没有你，我的生活就没意思了。"

她冷冷地看了我一眼，就要走，我说："雅琪，如果我要为你去死呢？"她说："随便你，可是别告诉我。"

那天晚上，我喝了很多酒，在五金店里买了一把刀。站在雅琪宿舍的楼下，我疯狂地喊她的名字，一边用刀狠狠地划进自己的手腕，我冲上四楼，欲从窗户上跳下去……围观的人在骂我，纯粹一疯子！是的，我爱雅琪，爱她爱疯了。

雅琪辞职了，我的纠缠，让她没脸再工作，她没了音讯，我知道她还在武汉，她的手机还能打通，可是她和我说的话永远只有那两句："我不会再原谅你，对你的爱，已经消磨尽了。"

我不相信，那个和我受了那么多苦的雅琪，在我真正想去呵护她的时候，怎么可以离开呢？"失去了才知道珍惜。"这句话是对我现在最好的诠释，我时时刻刻看她的照片，照片已经被我磨破了。我想，她大概再也不会回来了。我的生活也不会再有阳光。

对于自卑者来说，最缺乏的是自我价值感。自卑是个体感受到自我价值被贬低或否定的内心体验。这种贬低或否定，可能来自当事人自己，也可能来自外界评价，但更多的时候是两者兼而有之。而事例中的

第九章 别让性格毁了你的爱情与婚姻
——和谐的婚姻为你加分

峰则更多的是自我贬低，他对自己丧失了信心，并把所有的怨气都发泄在了女友身上，最终导致感情的终结。自卑者必须调整对自我的认识角度，并且透过不断的自我发展，建立一种独特的人生优势。唯有从生活中建立起内在的自信，才不会因遭遇挫折、侮辱，而轻易否定自己，才不会做出让亲人寒心的行为。

107 看准目标，立即行动

埃斯顿和劳迪已经结婚 10 年了，但他们的感情却宛若新婚，令周围的朋友羡慕不已。埃斯顿在工作之余总是主动地分担家务，忙碌之后，两个人总是互诉衷情：埃斯顿非常感激劳迪给了他想要的生活；劳迪也无限憧憬能换到一所大房子里住，那样她将更幸福。劳迪的无心之语成了埃斯顿的心病。他跟自己的好朋友力兹聊天时说出了心中的渴望：想买一所大房子送给劳迪，作为结婚 10 年的礼物。

"那你还等什么呢？"力兹问。埃斯顿沉思着回答："我还没有存够这笔钱。"力兹马上回答："我们周围有很多人生活得不开心，因为他们不知道自己想要什么。你知道你想要什么，没存够钱又有什么关系呢？你有没有试着多走一些路呢？"力兹的话启发了埃斯顿，他立即行动起来。

一个多月之后，力兹被邀参加埃斯顿夫妇的 10 年婚庆。当他按照地址找到埃斯顿夫妇的新家时，劳迪迎上来兴奋地说："我想做的第一件事就是感谢你。"

看到力兹的不解，埃斯顿解释说："我听了你的话，多走了一些路，买了这所新房子。"力兹仍在疑惑地摇头，埃斯顿接着说，"你应该知道，我的存款很有限，而这个房产的价值超过了 50 万元。但我多走路的结果是：不但得到了新房子，而且住在新家的费用比住在旧家的费用还要少些。"

"这是为什么呢?"力兹忍不住问。

"是这样,我抵押了旧房子得到资金,然后买下两层房间,当然在财产上它相当于一所房子。然后再将其中的一层租出去,租金足以偿付整个房产的分期付款。"

故事并不惊人,一个家庭买了两套房,出租一套,自住另一套,这是很普通的事情,但它却有力地说明了:如果你想获得你想要的东西,就要积极准备,一旦看准了目标就立即行动,并且要勇于"多走些路"。

如果你有值得追求的目标,你只须找出达到这个目标的一个理由就行了,而不要去找出你不能达到这个目标的几百个理由。你的思想决定你的心态,你的心态也就决定了你的目标是否能够实现。

推荐要点:

现代女性,对男性最欣赏的,不是英俊的外表,也不是潇洒的风度,竟然是胆量!

爱情要靠自己努力争取,不要用缘分来解释所有错过,缘分从来都把握在自己手里。给自己一点勇气,低下自己"高贵"的头,大胆、果断、坦率地向心中钟情的她(他)说出:"我爱你!"就能获得一份甜美的爱情。

对于自卑者来说,最缺乏的是自我价值感。自卑是个体感受到自我价值被贬低或否定的内心体验。这种贬低或否定,可能来自当事人自己,也可能来自外界评价,但更多的时候是两者兼而有之。

自卑者必须调整对自我的认识角度,并且透过不断的自我发展,建立一种独特的人生优势。唯有从生活中建立起内在的自信,才不会因遭遇挫折、侮辱,而轻易否定自己,才不会做出让亲人寒心的行为。

第九章 别让性格毁了你的爱情与婚姻
——和谐的婚姻为你加分

如果你想获得你想要的东西,就要积极准备,一旦看准了目标就立即行动,并且要勇于"多走些路"。

如果你有值得追求的目标,你只须找出达到这个目标的一个理由就行了,而不要去找出你不能达到这个目标的几百个理由。你的思想决定你的心态,你的心态也就决定了你的目标是否能够实现。

婚姻是双方长相厮守的承诺,但当异性进入我们的视线或生活,这个时候就需要你有足够的智慧去分辨这样的目标会不会是一个危机四伏的诱惑。

客观的诱惑是存在的,盲目逃避是一种胆怯,频繁的追求是一种放纵。对爱要有一个正确的心态,要正视自己的婚姻,对自己及他人负责任。

对生活充满宽容仁爱的心态,就可以保持一颗轻松平和的心,并能够结合实际环境创造出新的生活方式。

结束语

什么是性格？

《辞海》中的解释是：人格的重要组成部分。人的态度和行为方面的较稳定的心理特征，如寡断、刚强、懦弱等。在生理素质的基础上，如在社会实践活动中逐渐形成和发展。由于具体的生活道路不同，每一个人的性格会有不同的特征。简而言之，就是一个人在对现实的稳定的态度和习惯化了的行为方式中所表现出来的人格特征。

性格一词原意指印记、制图、标志。英文性格 Personality 一词的语源一般都认为它来自希腊文 Persona。这个词的意思是指希腊人在演戏时戴上的面具，后指演员在戏中扮演的角色，并指扮演该角色的人，有时也指具有特征的人。

台湾著名学者柏杨在其著作《丑陋的中国人》一书中说："这么一个庞大的国度，拥有全世界四分之一人口的一个庞大民族，……这样的一个传统文化，产生了现在这样的一个现象，使我们中国人具备了很多种可怕的特征。……譬如'脏、乱、吵'、'自私'、'窝里斗'、'不能团结'、'死不认错'……"

而清末民初的著名学人辜鸿铭老先生却在他的英文著作《论中国人的精神》中对中国人的特征大加赞美："中国人最美妙的特质是：作为一个有悠久历史的民族，它既有成年人的智慧，又能够过着孩子般的生活——一种心灵的生活。"他把中国人和美国人、英国人、德国人、法国人进行了对比，凸显出中国人的特征之所在："美国人博大、纯朴，但不深沉；英国人深沉、纯朴，却不博大；德国人博大、深沉，而不纯朴；法国人没有德国人天然的深沉，不如美国人心胸博大和英国人心地纯朴，却拥有这三个民族所缺乏的灵敏；只有中国人全面具备了这四种优秀的精神特质。"也正因如此，中国人给人留下的总体印象是"温良"，"那种难以言表的温良"。在中国人温良的形象背后，隐藏着他们"纯真的赤子之心"和"成年人的智慧"。

其实，无论这两位老先生如何或褒或贬，都是从性格特征的某一方面论述。柏氏强烈贬斥人性中的缺陷，辜氏极力宣扬的是性格特征中的优点。所以，性格无所谓优劣，只有不同。因此，你不必对自己性格中的弱点吹毛求疵，更不必为改变自己所谓坏性格而绞尽脑汁，无论是哪种性格，你都应该坦然接受它。

性格内在的相互作用，就是心灵的磨砺过程！

性格中的亮色增多了，阴影自然就少了！在前进的道路上，你只需努力吸收好的东西，在合适的领域尽情地发挥自己的天性，就能担负起上苍所赋予的使命，收获事业的成功、心灵的自由和圆满的幸福！